清代贡茶研究

万秀锋　刘宝建　王慧　付超　著

故宫出版社

目录

第一章　清代贡茶概述..................................006

第一节　中国贡茶概述................................009

第二节　清代贡茶......................................014

第二章　清代贡茶品种..................................024

第三章　清代贡茶的运输..............................054

第一节　清代贡茶运输概述........................056

第二节　清代贡茶运输考察之一................059

　　　　——以福建武夷岩茶运输为例

第三节　清代贡茶运输考察之二................065

　　　　——以云南普洱贡茶运输为例

第四章　清宫贡茶的管理及使用机构..........076

第一节　茶库..079

第二节　茶房..083

第三节　御茶膳房......................................089

第五章　清代贡茶的使用..............................092

第一节　饮用..094

第二节　药用与祭祀...100

第三节　赏赐...104

第六章　贡茶对清代社会的影响........................112

第一节　贡茶之弊及清政府的对策.....................114

第二节　推动茶叶产业的发展...........................122

第三节　对饮茶风俗的影响...............................127

——以《红楼梦》和《儿女英雄传》为例

第七章　清宫茶具（上）................................134

第一节　盏托...136

第二节　茶盏...149

第八章　清宫茶具（下）................................168

第一节　茶壶...170

第二节　奶茶具...186

第三节　其他类茶具...201

后记..217

第一章 清代贡茶概述

"芳茶冠六清，溢味播九区。人生苟安乐，兹土聊可娱。"晋代诗人张载的茶论，可视为中国几千年茶文化的缩影。作为"国饮"，就如游修龄先生所说，"中国茶文化丰富多彩、意境优美、雅俗共赏，在世界范围内独树一帜，是中国人的精神面貌和修养的一面镜子"[1]。茶叶在古代一直被认为是圣洁之物，为文人雅士所重，有"洁性不可污，为饮涤尘烦"[2]之誉。宋徽宗〔图1-1〕在《大观茶论》中认为："茶之为物，擅瓯闽之秀气，钟山川之灵禀，祛襟涤滞，致清导和，则非庸人孺子可得而知矣；冲淡闲洁，韵高致静，则非遑遽之时可得而好尚矣。"[3]古代的文人雅士以饮茶品读人生，在缕缕清香中吟诗作对，放任情怀。

随着时代的变迁，茶叶逐渐成为国人日常必不可少的饮品。林语堂先生的高论，或许可以让我们更加明白茶在中国人生活中的意义。"饮茶为整个国民的日常生活增色不少。它在这里的作用，超过了任何一项同类型的人类发明。饮茶还促使茶馆进入人们的生活，相当于西方普通人常去的咖啡馆。人们或者在家里饮茶，或者去茶馆饮茶；有自斟自饮的，也有与人共饮的；开会的时候喝茶，解决纠纷的时候也喝；早餐之前喝，午夜也喝。只要有一茶壶，中国人到哪儿都是快乐的。这是一个普通的习惯，对身心没有任何害处。不过也有极少数的例外，比如在我的家乡，据传说曾经有人因为饮茶而倾家荡产。这只可能是由于喝上好名贵的茶叶所致，但一般的茶叶是便宜的，而

---

[1]　游修龄：《中国茶文化·说茶》"代序"，杭州：浙江大学出版社，2007年。

[2]　〔唐〕韦应物：《喜园中茶生》。《东溪试茶录》中亦有："庶知茶于草木为灵最矣。"茶之灵与中唐以后诗人所追求的"趣"有着相通之处，茶是"至灵之物"，而趣是性灵的闪光，是"凭灵心妙悟的"〔朱光潜《诗论》〕，是诗人对审美客体的一种灵性独具的解会与妙悟，从而生发出新鲜而具有启示性的趣味。

[3]　〔宋〕赵佶：《大观茶论》，《古今图书集成·食货典》，北京：中华书局影印本。

中国的一般茶叶也能好到可供一位王子去喝的地步。最好的茶叶是温和而有'回味'的,这种回味在茶水喝下去一二分钟后,化学作用在唾液腺上发生之时就会产生。这样的好茶喝下去会使每个人的精神为之一振,精神也会好起来。我毫不怀疑它具有使中国人延年益寿的作用,因为它有助于消化,使人心平气和。"[1] 茶不仅起到解渴生津的效果,更重要的是它可以让人心平气和,从从容容地去面对生活,这也许就是中国茶文化的精髓所在。

贡茶是中国茶文化中重要的一环,也是中国古代宫廷生活的一个重要组成部分,本书所探讨的清代贡茶即是如此。清代帝王都非常重视贡茶,形成了一系列制度化的体系,一种文化的累积。贡茶不仅关乎宫廷生活,还对社会经济有重要的影响。清代百姓的日常生活中也已经离不开茶叶,几乎在所有的清代小说中我们都能发现茶叶在清人生活中占有的重要地位。历代地方官员为了迎合宫廷,费尽心思培育新的品种,改进制作工艺,逐步形成了既具国内一体化文化特征又各具地方特色的贡茶体系,推动着中国茶叶不断向前进步,同时,也在很大程度上推动着地方经济的发展,形成了延续至今的几大产茶区。在茶叶的管理与分配上,茶库和茶房及相应的管理制度都有一种层次化的体系。在贡茶的使用方面,清代宫廷不仅做到了物尽其用,而且对清代民间的茶文化也产生了深远的影响。清代宫廷茶文化作为中国茶文化的一个重要组成部分,在各个方面都有推陈出新之处,对现代中国茶文化也有着深远的影响。

第一节　中国贡茶概述

我国茶叶生产的历史悠久,是世界主要的产茶国之一。据《神农本草》记载:"茶树生益州川谷山陵道旁,凌冬不死,三月三日采干。"《尔雅》中将"槚"解释为"苦荼"[2]。在晋代,茶叶已经成为一种比较普遍的饮料,诗人张载《登成都白菟楼》中有"芳茶冠六清,溢味播九区"之句。唐代"茶圣"陆羽的《茶经》中记载:"茶者,南方之佳木也。一尺两尺乃至数十尺。其巴

---

[1] 林语堂:《中国人的饮食》,载津君编:《学人谈吃》,北京:中国商业出版社,1991年。

[2] 〔东晋〕郭璞:《尔雅注》有"今呼早采者为茶,晚采者为茗"的记述。

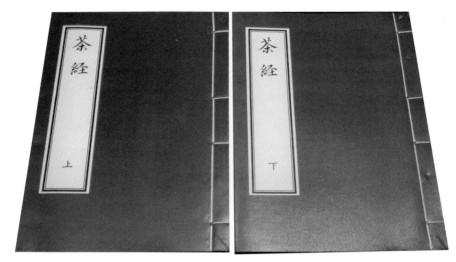

[图1-2] 《茶经》

山陕川有两人合抱者，伐而掇之。其树如瓜芦，叶如栀子，花如白蔷薇，实如栟榈，茎如丁香，根如胡桃。其子或从草，或从木，或草木并。其名，一曰茶，二曰槚，三曰蔎，四曰茗，五曰荈。"[1]自唐代以后，中国的制茶技术得到很大发展，并在一定程度上推动了饮茶风俗的传播，茶逐渐成为"国饮"，受到国人的喜爱。

虽然茶叶为"国饮"，但饮茶究竟起源于何时，至今没有定论。陆羽在《茶经》〔图1-2〕中记载，"茶之为饮，发乎神农氏"[2]，但陆羽并没有提出确切的论据，后世学者几乎都沿袭了陆羽的说法，而没有对其进行具体考证。直到明末清初，学者顾炎武才对这一问题作了较为详尽的考证。"茶字自中唐始变作茶，其说已详之唐《韵正》。按《困学纪文》茶有三：'谁谓茶苦'，苦菜也；'有女如荼'，茅秀也；'以薅荼蓼'，陆草也……《尔雅·释木篇》有：'槚，苦茶'，其注'树小如栀子，冬生，叶可煮作羹饮。今呼早采者为茶，晚取者为茗，一名荈，蜀人名之苦茶。此一字，亦从草、从余。今以《诗》考之，《邶·谷风》之'荼苦'；《七月》之'采荼'；《绵》之'堇荼'，皆苦菜之荼也。而王褒《僮约》云：'武阳买茶'；张载《登成都白菟楼》诗云：'芳茶冠六清'，孙楚诗云'姜桂荼荈出巴蜀'；《本草衍义》晋温峤上表'贡茶

⑴〔清〕陈梦雷：《古今图书集成·食货典·茶部》，北京：中华书局影印本，1934年。

⑵〔唐〕陆羽：《茶经》，卷中"六之饮"，见《四库全书·子部九·谱录类》，上海：上海古籍出版社，2003年。

千斤，茗三百斤'，是知自秦人取巴蜀而后始有茗饮之事。《唐书·陆羽传》：'羽嗜茶，著经三篇，言茶之源、之法、之具尤备，天下益知饮茶矣。'"[1]从顾炎武的分析中，我们可以认为茶在内地流行当在秦朝，以后逐步流传，[2]到唐代经过陆羽等人的传播，遂"其后尚茶成风"。宋代社会经济的繁荣带动了饮茶的传播，从社会上层逐渐下移，民间的饮茶风气日盛，大量路边茶馆出现，茶逐步成为一种生活必需品。明清时期，中国茶文化的民族性开始显现，市井生活的茶文化成为主流并与传统的道德情操相联系，中国古代茶文化发展到顶峰。

所谓"贡"，原本是与赋税制度相关。《周礼·天官》有"王曰赋贡"[3]；《孟子·滕文公上》有"夏后氏五十而贡"；《孟子·万章上》有"天子使吏治其国而纳贡税焉"的记载。后"贡"的意义逐步变化，赋税的含义降低，几乎变成臣下或属国向君主进献的专用词。后随着进贡制度的完善，出现了"九贡"〔九贡：祀贡、嫔贡、器贡、历贡、材贡、货贡、服贡、游贡、物贡〕之制。其中的"物贡"一类，专指地方向中央进献的土产实物。《钦定文献通考》中有"臣等谨按马端临做土贡考，谓古之土贡，即在赋税之中犹当其租入云耳"[4]。

贡茶是古代各地方向朝廷进献的名贵特产之一，专供皇室之用。关于贡茶的起源，现今见于确切文字记载的是晋代常璩的《华阳国志·巴志》。周武王灭商后，巴蜀部落"鱼铁盐铜，丹漆茶密……皆纳贡之……园有芳蒻香

---

[1] 〔明〕顾炎武：《日知录》卷七，同治壬申湖北崇文书局重刻本。

[2] 西汉王褒的《僮约》记载："王褒去成都的途中，投宿于亡友家中，亡友之妻杨惠十分热情，令他很高兴。王褒命令杨氏的家僮去买酒，家僮不从，理由是主人买他时只说负责看家，并没有讲买酒的义务。这下惹恼了王褒，于是他从杨氏手中买下了这个家僮，一边对他进行教训和惩戒。在双方订立的契约上，明确规定家僮必须承担去集市买茶、煮茶和洗涤茶具的杂役。"这说明当时饮茶已经很普遍，有了专门的饮茶器具，而且有了茶叶市场。《搜神后记》中记载，"桓温手下有一个督将，一次须饱饮二斛二斗茶水，少一升一合都感到不舒服"。《世说新语》中记载，"司徒长史王濛不仅自己嗜茶，更喜欢以茶待客，像劝酒一样劝客人饮茶。造访的人往往心里都很害怕，害怕胀破了肚皮，还戏称这样的饮茶为'水厄'"。可见当时饮茶已经比较普遍，特别是在士大夫中间更为流行。

[3] 〔唐〕陆德明：《释文》："赋，上之所求于下；贡，下之所纳于上"。《经典释文》，上海：上海古籍出版社，1985年。

[4] 《钦定文献通考》卷二八，《土贡一·序》，北京：中华书局，1986年。

茗"[1]，这里的"香茗"即茶叶。贡茶从西周到清末一直贯穿整个中国古代社会。古人对贡茶和榷茶的看法大相径庭。陆廷灿认为："唐宋以来有贡茶，有榷茶，夫贡茶犹知斯人有爱君之心，若夫榷茶，则归利于官，扰及于民，其害又不一端也。"将贡茶与榷茶分开，认为贡茶成为爱君的一种表现形式，[2]没有榷茶的危害性大。[3]同时，作为一种赋税形式，贡茶也是政治上君臣关系确立的一种表现形式，是特定历史阶段所具有的一种文化现象。如五代时，"江南国主李璟遣其臣伪翰林学士户部侍郎锺谟等，奉表来上叙，原以大国称臣纳贡之意，仍进……茶茗药物等"[4]。现存文献中最早有具体数字的贡茶记载出现于宋徽宗政和六年〔1116年〕寇宗奭所著《本草衍义》中，"东晋元帝时，温峤官于宣城，上表贡茶叶一千斤，贡芽三百斤"。刘宋时期的山谦之的《吴兴记》有"浙江乌城县西二十里，出御荈"的记载。毛文锡《茶谱》有"扬州禅智寺，隋之故宫寺旁蜀冈，其茶甘香味如蒙顶焉，第不知入贡之因起于何时，故不得而志之也"[5]。从唐代开始，贡茶的概念也发生了一些变化，贡茶已不单纯是作为皇室饮品的特供物品，而已具有一种很强的政府向地方征收实物税的性质，具有征贡区域增加、新茶品多、随机性强的特点。

唐代是中国古代贡茶制度最终形成时期，此后历代相沿，直至专制王朝的终结。唐代的贡茶有两种形式，一是选择茶叶品质优异的州定额纳贡，主要有常州阳羡茶、舒州天柱茶、湖州顾渚紫笋茶、荆州团黄茶、福州方山露芽等二十多个州的名茶。[6]唐湖州太守裴汶在其所著《茶述》中对唐代的贡茶进行了一番点评："今宇内为土贡实众，而顾渚、蕲阳、蒙山为上，其次则寿

[1] 参阅舒玉杰：《中国茶文化今古大观》，页552，北京：北京出版社，1996年。

[2] 巴蜀以茶等物品纳贡。这种现象具有极为明显的政治色彩，纳贡，即意味着君臣关系的确立。在中国古代专制社会中，贡品主要被用来满足君主及上层阶级的物质和文化生活之需，即所谓"致邦国之用"。贡茶除了贡物制度的强制性敛取之外，还有一种地方上的主动推荐贡献现象。这种现象也是使贡茶进一步扩大的重要原因。因为一时一地的物产，可以通过上贡的形式达到进行商品交易的目的，以换取本地区所缺乏的一些生产资料，中国古代周边的属国向中央王朝进贡的主要目的也在于此。

[3]〔清〕陆廷灿：《续茶经》卷四，页669，《四库全书·子部》，台北：台湾商务印书馆。

[4]《旧五代史·周书》，北京：中华书局，1985年。

[5] 陈椽先生认为，从《吴兴记》中可以断定东南产茶区4世纪时就已经有贡茶，从《茶谱》中可以推断出隋代也有贡茶。参见《茶叶通史》，页427，北京：农业出版社，2008年。

[6] 参阅吕维新：《唐代贡茶制度的形成》，《农业考古》1992年第2期。

[图1-3] 沈榏楷书焙茶行页

阳、义兴、碧涧、邕湖、衡山，最下为鄱阳、浮梁。"除了地方纳贡外，唐朝政府还在一些名茶的重点产区设置贡茶院，其中最主要的是在顾渚山设立的贡茶院，由中央政府派官员直接管理，雇用由政府控制的茶农种植、采摘、制作贡茶。唐代贡茶院规模巨大，最鼎盛时有"工匠千余人，役工三万人"。诗人李郢在《茶山贡焙歌》中有："春风三月贡茶时，尽逐红旗到山里。焙中清晓朱门开，筐箱渐见新茶来。凌烟触露不停采，官家赤印连贴催。……研膏架动声如雷，茶成拜表奏天子。万人争看春山摧，驿骑鞭声昚流电。夜半催夫谁复见？十日王程路四千，到时须及清明宴。"〔图1-3〕一方面控诉了贡茶给地方带来的沉重负担，另一方面也形象地刻画出了唐代贡茶院的兴盛场面。

宋代的贡茶制度在沿袭唐代的基础上也有了很大变化，随着顾渚山贡茶院的衰落，北宋政府在福建建安设立贡茶园，专门负责宫廷饮茶的供给。熊蕃《宣和北苑贡茶录》中记载："〔宋代〕贡茶极盛之时，凡四十余色，四万七千一百斤有奇。"宋代北苑茶园不仅茶产量巨大，且从制作工艺、外部包装和保存方面，都比前代有了很大的进步。宋徽宗在《大观茶论》中这样描述北苑的贡茶："本朝之兴，岁修建溪之贡，龙团凤饼，甲于天下。而壑源之品，亦自此而盛，延及于今。百废俱举，海内晏然。……近岁以来，采摘之精，制作之工，品第之盛，烹点之妙，莫不盛造其极。"[1]达到了"草木之灵者，亦得以尽其用矣"的境界。

元代的贡茶仍以建安的皇家茶园为主，规模相对小于宋代。但除了沿袭宋代在北苑的御茶园之外，元政府在武夷的四曲溪畔开设新的御茶园，扩大了御茶园的生产区域。到了明代，贡茶的数量急剧上升，除了规模较小的几个皇家茶园外，贡茶主要依靠五个主产茶省的进贡。明太祖时，全国的贡茶数额分配为："南直隶五百斤，江西四百零五斤，湖广二百斤，浙江五百二十斤，福建二千三百五十斤。"[2]其品种也不断发生变化，散茶取代原来的龙团凤饼成为贡茶的主体，"历代贡茶皆以建宁为上，有龙团、凤团、石乳、滴乳、绿昌明、头骨、次骨、末骨、京铤等名，而密云龙品最高，皆碾末做饼。至明朝，始用芽茶，曰探春、曰先春、曰次春、曰紫笋及荐新等号，而龙凤团皆废矣，则福茶固甲于天下也"[3]。到明朝后期，随着武夷岩茶等新茶品的兴起，贡茶的格局逐步发生变化，贡茶制度也逐步走向成熟和完备，为清代贡茶格局的形成奠定了良好的基础。

第二节　清代贡茶

中国古代专制社会中的进贡制度随着中央集权的不断加强而日益完善，清朝作为我国最后一个专制王朝，其中央集权也达到了顶峰，伴随着这种高度集权化的统治体系的确立，进贡制度的体系化也趋于完备。并非每个官员都有资格向皇帝进贡，例如，清乾隆五十五年〔1790年〕八月初二日，乾隆皇帝圈定了进贡人员的名单〔共84人〕，据此可以将有资格进贡的人员分为以下六类：一是宗室亲贵，有亲王、郡王、贝勒；二是中央大员，包括大学士、尚书、左都御史、都统；三是地方大吏，有总督、巡抚、将军、提督；四是织造、盐政、关差；五是致仕大臣；六是衍圣公。清代进贡的种类有十余种，可分为两大类：例贡和非例贡。例贡为朝廷定为常例的节贡。据《养

⑴〔宋〕赵佶：《大茶观论》，《古今图书集成·食货典》，北京：中华书局影印本。

⑵《古今图书集成·食货典》，卷一三九，《贡献部》。

⑶〔清〕刘源长辑：《茶史》，雍正六年墨韵堂刻本。

吉斋丛录》记载："元旦、冬至、万寿庆辰为三大节，天聪以来旧制也。"原因是这三贡在实际进贡中最为盛行。另外，还有上元贡、中秋贡等也属于例贡的范畴。非例贡是指一些临时性的、随时的进贡，其名目繁多，不一而足。见于史料的有迎銮贡〔即路贡〕、木兰贡、来京陛见贡、谢恩贡、传办贡等。另外，根据贡品的不同，进贡又可分为土贡和非土贡。土贡是指地方官员以其地方特产进贡，主要有果贡、茶贡、花贡、灯贡、鸟兽贡、烟火贡、文房四事贡等；非土贡则有玉器贡、金银器贡、古玩贡、书画贡、陈设贡、洋货贡等。进贡的整个过程包括贡品的采办、贡品的押解、贡品的呈递、贡品的收驳等。[1]茶叶作为生活中必不可少的物品，一直以来就被作为重要的贡品进献到宫廷。

从清代的进贡制度上看，茶叶既有"任土做贡"的土贡贡茶，也包括各类节贡及其他不定期进贡活动。在本书中为表述明确，故将清代的贡茶分为土贡和不定期贡两类，土贡即贡茶区每年进贡的定额茶叶，不定期贡是包括节日进贡及一些临时性进贡。

清代的贡茶制度基本上延续了明代的做法，规定了地方贡茶的数量、运抵京城的时间和到京城的交接、验收等程序。顺治七年〔1650年〕，清廷决定贡茶由户部改为礼部执掌。"应贡之茶，均从土产处所起解，一律送礼部供用。这年，礼部还照会各产茶省布政司，规定所贡茶叶，于每年谷雨后十日起解，定限日期解送到部，延缓者参处"[2]。虽然路途遥远，运输艰难，但朝廷规定"凡解纳，顺治初，定直省起解本折物料，守道、布政使差委廉干官填付堪合，水路拨夫，限程押运到京"[3]。清代贡茶范围远超前代，宋元时全部的贡茶都采自北苑的皇家茶园，明代仍然以建茶为主，但范围已从福建已逐步

⑴ 于此相关的还有进单，也称贡单或贡折，即王公大臣向皇帝进贡时书写贡品品名、数量的折子。进单的标准形式是内有单折，外有封套，尺寸大小不固定。单折以绫、绢、锦等材质作面底，以黄纸为表，红纸为背，大多为六折。封套以黄绫或黄绢糊制，表书"内折一件"及年月日，背书"奴才××跪〔谨〕封"等。贡档是养心殿造办处办事人员抄录进单上的贡物名称、数量，记录皇帝的旨意，记载对贡物的发落或驳回的处理的档簿，从中可看到皇帝对所进贡品的态度。参阅张林杰：《清代广东贡品——中西工艺融合的见证》，《紫禁城》2007年第1期。关于进贡制度，可参阅董建中：《清乾隆朝王公大臣进贡问题初探》，《清史研究》1996年第1期。

⑵ 故宫博物院编：《钦定礼部则例》，海口：海南出版社，2000年。

⑶ 雍正朝《大清会典》，近代中国史资料丛刊三编，辑77，页2745，台北：文海出版社。

扩展到福建、浙江、南直隶、江西、湖广等其他五省。清初贡茶仍延续了明代的传统，以五省茶产区为主，随着清代政局的稳定，版图的扩展，逐步将全国的十三省产茶区都纳入其中。〔见附表 1-1 及本书第二章〕

关于各地贡茶的数量，在清朝各个时期也有所变化。我们以六安茶为例来看，清初以康熙三十七年〔1698 年〕为基准，"六安州霍山县每年例解进贡六安芽茶三百袋"〔按古衡制，一斤十六两计，一袋为二十八两〕，康熙五十九年增加一百袋，雍正十年〔1732 年〕再添二百袋，乾隆元年达到七百二十袋。因霍山地方贡茶负担过重，百姓难以承受，乾隆六年经内务府大臣奏议，以康熙五十九年时的四百袋为准，不复增派，此标准一直延续到清末。

再如普洱茶，雍正七年〔1729 年〕八月初六日，云南巡抚沈廷正向朝廷进贡茶叶，其中包括：大普茶二箱，中普茶二箱，小普茶二箱，普儿茶二箱，芽茶二箱，茶膏二箱，雨前普茶二匣，从此开始了普洱茶进贡的历史。雍正十二年〔1734 年〕云南巡抚张允随所进贡单〔图 1-4〕为："普茶蕊一百瓶，普芽茶一百瓶，普茶膏一百匣，大普茶一百元，中普茶一百元，小普茶一百元，女儿茶一千元，蕊珠茶一千元。"在《宫中杂件》中记载光绪三年〔1877 年〕四月新收普洱茶的品种数量为："普洱大茶九十个，普洱中茶九十个，普洱小茶九十个，普洱女儿茶三百个，普洱珠茶四百五十个，普洱蕊茶八十瓶，普洱芽茶八十瓶，普洱茶膏八十匣。"对比雍正十二年和光绪三年〔1877 年〕的贡单，可以发现普洱茶进贡的数量大致维持在一个相对稳定的水平上。

清代，采办贡茶是由产茶区的地方官具体执行。如贵定云雾茶，"龙泉县西南二乡，产云雾芽茶。每岁清明谷雨前，县令发价采办，额定贡茶二十四斤，赍解巡抚衙门，领价银八两"。这说明贵定云雾茶是由贵州巡抚直接负责，地方县令具体操办，每年进贡二十四斤。再如普洱，乾隆元年〔1736 年〕，设置思茅同知，并在思茅设立官茶局，在"六大茶山"设官茶子局，负责茶叶的税收和收购。在普洱府设立茶厂、茶局统一管理茶叶的加工和贸易，使普洱成为贡茶叶制作的中心。官茶局会同当地府、道、县各级官员进行"恭选"，把制作好的贡茶好中选好，把选好的团茶和茶膏分别用黄绸包好，放入锦缎木盒。散茶则要装入锡瓶中，最后一并装入木箱，贴好封条。然后地方官员上章，用印，并发给"火牌"，经关卡验证后才能放行，由专人押送进京。据阮福《普洱茶记》记载："知每年进贡之茶，例于布政司库铜息项下，动支

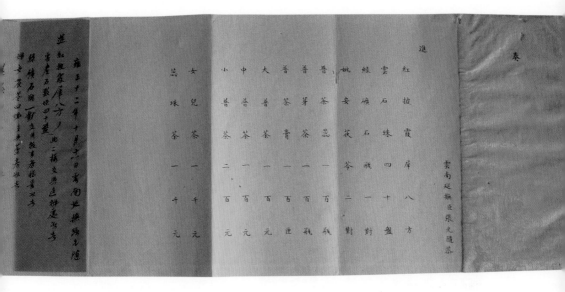

[图1-4] 云南巡抚贡茶进单

银一千两，由思茅厅领去转发采办，并置办收茶锡瓶缎匣木箱等费。……每年备贡者，五斤重团茶、三斤重团茶、一斤重团茶、四两重团茶、一两五钱重团茶，又瓶盛芽茶、蕊茶，匣盛茶膏，共八色。思茅同知领银承办。"由于普洱贡茶的数量较大，所以在地方设立官茶局专门负责贡茶的收缴、加工、包装及运输。地方官负责派给贡茶封印，发放过关令牌，派遣专人运送。

有学者在档案中发现了陕西紫阳贡茶的信票，上有："为贡茶事，案奉各宪檄饬查照上届贡茶数目，严催采办，务于二月内申解等因，奉此合行催办，为此仰役前往，协同该处乡地，照依后开各数目传谕各茶户，遵照上例，作速采办细嫩上好茶叶，务于二月内照数送，当堂领价，以凭申解。该役等不得籍端索延，致干重处不贷，毋违，速速须票。"此信票上的信息非常明确地表明了贡茶的品种、数量、采摘和解送时间。"计开：权河春分茶十斤，白茶十四斤；盘厢河春分茶十四斤，白茶二十斤；毛坝关春分茶二十斤，白茶二十五斤；麻柳坝春分茶二十斤，白茶二十五斤。"[1] 在这件信票上，我们比较清楚地了解到1877年紫阳地方进贡贡茶的一些具体信息。首先，贡茶是由当地的地方官也就是紫阳县知县唐清辅负责，具体的操办则交由催缴贡茶的衙役完成，即茶农是贡茶采摘、制作的主体，是真正

[1] 田晓光：《档案作证陕南紫阳茶的贡茶身份》，《中国档案》2008年第6期。

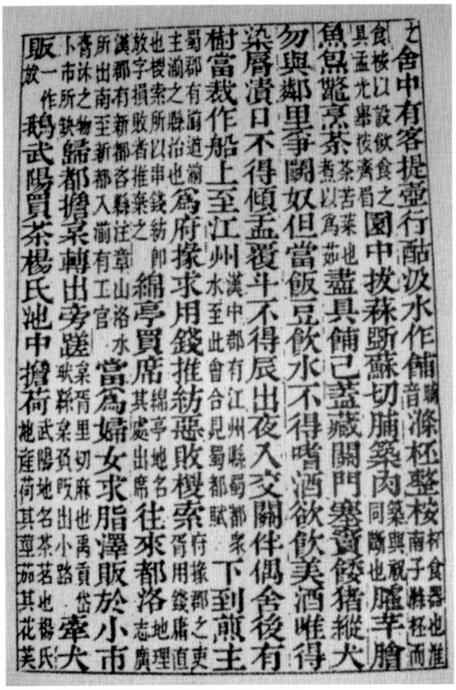

[图1-5] 武阳买茶

提供贡茶的源泉。而在征缴过程中，地方乡绅则协助衙役进行收缴工作。其次，信票明确说明了清光绪三年〔1877年〕紫阳县所进贡贡茶的产地、数量和采摘的时间："权河春分茶十斤，白茶十四斤；盘厢河春分茶十四斤，白茶二十斤；毛坝关春分茶二十斤，白茶二十五斤；麻柳坝春分茶二十斤，白茶二十五斤。"据《紫阳县志》记载，权河、盘厢河、毛坝关和麻柳坝是当时紫阳县茶叶品质最好的几个地区。春分茶即在春分时节采摘的茶叶，白茶即芽茶，多于清明前采摘。最后，采摘与加工的期限为两个月，贡茶制作完成后交与专门负责的衙役验收，按价领银。对没有按时完成任务的茶户的追责也有明确阐述。

从六安茶、普洱茶和紫阳茶备贡来看，贡茶都是由当地的地方官负责采办，有专门备办贡茶的支出银两，由下设的官茶局或衙役具体负责承办〔图1-5〕。每年应解交的贡茶品种和数量往往比较固定，要求采摘和收缴的时间也比较集中，大都集中于清明前后。贡茶收缴集中后，由地方官派专人押送进京，起解时间多在谷雨后十天。解送进京后，由专门的部门负责接收，填收堪合。如六安贡茶解京后，"委员解赴内务府咨称请代为转进各等，因前来查该省例贡芽茶向系委员解交礼部，由礼部奏交内务府查收，存库后知照该部办给批回"[1]。这种土贡的茶叶是贡茶的主体，是宫廷日常饮茶的主要供给渠道。土贡的茶叶由礼部或户部接收，后转交广储司的茶库。顺治七年〔1650年〕，清廷规定贡茶由户部改由礼部执掌。"应贡之茶，均从土产处所起解，一律送礼部供用。这年，礼部还照会各产茶省布政司，规定所贡茶叶，于每年谷

---

① 中国第一历史档案馆：《奏销档708-149：奏为安徽巡抚进到贡芽茶等转饬茶库验收折，同治四年六月十二日》

雨后十日起解，定限日期解送到部，延缓者参处。"[1] 但这种规定并非绝对化，户部还会接收一些贡茶，如"乾隆十八年，覆准江南霍山县岁贡六安茶四百袋，每袋一斤十有二两，由光禄寺转送，浙江岁贡黄茶二十八篓，每篓八百包，由户部转送，茶库验收"。"臣等查黄茶一款向由该省每年解交臣衙门二千八百斤以备内廷供用，如有不敷用由户部领取，嗣因户部库存黄茶俱系远年存储，不堪应用"。[2] 说明户部也会承担一些贡茶的收贮。

除了土贡的贡茶外，还有很多不定期贡的茶叶，如在三大节〔元旦、端阳、万寿〕进贡的茶叶，还有一些临时进贡中也会有一定数量的茶叶，如来京陛见贡、谢恩贡、传办贡等，这些茶叶大都随着其他的贡品一起入贡〔见附表1-2〕。这些地方官员辖区内大都有一些产茶区，他们也以茶叶作为一种土特贡产而进入宫廷。不定期贡的茶叶则由奏事处转进，不需经礼部转手。如安徽地方"查该省例贡芽茶向系委员解交礼部，由礼部奏交内务府查收，存库后知照该部办给批回，其各省端阳、年节应进贡品亦系由该省缮具贡单，专差解京，交奏事处转进"[3]。贡茶进入宫廷后，由相关的管理机构负责使用，分别是广储司茶库、各类茶房及御茶膳房，这些机构具体负责贡茶的日常保管和分配使用。

总的来看，清代的贡茶制度部分承袭了明代的贡茶制度，更在其基础上推陈出新，其主要特点表现在以下几个方面：

第一，贡茶区域的扩大，贡茶数量和品种增多。清代的贡茶省份由明代的五省扩展到十三个省，品种也大量增加，基本囊括了主要的茶叶品类，其规模和数量也远超前代。随着清代皇帝南巡北狩及征战等情况的出现，大量非例贡的茶叶出现在这些活动中。

第二，贡茶制度更加完备，不论是采买、包装、运输还是接收，清代都形成了一套完备的制度体系，各个环节环环相扣，保证了清代贡茶的正常供应。清代贡茶涉及的部门不仅包括各地方政府官员、茶农，还包括到中央的礼部、户部、奏事处、茶库、茶房等机构。在贡茶的征缴、解运、接收过程

[1] 故宫博物院编：《钦定礼部则例》，海口：海南出版社，2000 年。

[2] 中国第一历史档案馆：《奏案 05-0843-007：奏为酌议浙省应解黄茶碍难改折价银事，同治七年正月初八日》。

[3] 中国第一历史档案馆：《奏销档 708-149：奏为安徽巡抚进到贡芽茶等转饬茶库验收折，同治四年六月十二日》。

中，各个部门分工明确，职责清晰，这种完备的体系超过了以往任何一个朝代，是清代进贡体系的一个重要组成部分。

第三，清代的政治中心跨越出了紫禁城的范围，包括承德避暑山庄、圆明园、颐和园等在内，出现了多个政治中心，随之而来的是皇家饮茶管理机构的不断增多，包括各类园囿茶房、皇子茶房、王府茶房、陵寝茶房在内的饮茶机构，成为清代贡茶管理制度的一个重要特色。清代宫廷的饮茶文化也对民间饮茶文化产生了一定的影响，形成了有清一代独特的茶文化。

第四，清代贡茶对清代社会的影响较之前代更为明显。作为一种进贡制度，清代贡茶的连续性和完备性使得贡茶产区的茶农经受着沉重的负担，甚至当地的经济结构也因贡茶而改变。与此同时，因贡茶而带来的茶叶质量的提升、加工和包装技术的改进，都对中国茶叶的发展产生了积极影响，同时产茶区的相关商业活动也随着贡茶的影响而不断提升，出现了一批著名的贡茶品种和商号。

附表 1-1　查慎行《海记》中所列清初各地贡茶条目

贡茶地		贡茶数量（单位：斤）
古地名	今地名（今所属辖区）	
宜兴县	江苏省宜兴县	100
六安县	安徽省六安县	300
广德州	安徽省广德县	72
建平县	福建省建阳县	25
长兴县	浙江省长兴县	35
嵊县	浙江省嵊县	18
会稽	浙江省绍兴县	30
永嘉	浙江省永嘉县	10
临安	浙江省临安县	20
富阳	浙江省富阳县	20
龙游等县	浙江省衢县、龙游县	20
慈溪	浙江省慈溪市	260
丽水	浙江省丽水市	20
金华	浙江省金华市	12
临海等县	浙江省临海等县	15
建德	浙江省建德县	5

淳安县	浙江省淳安县	5
遂安、寿昌	浙江省淳安县、建德县	6
桐庐	浙江省桐庐县	12
江西南昌府	江西省南昌市	75
南康府	江西省星子、永修、都昌等县	25
赣州府	江西省赣州市、石城、兴国以南地区	11
袁州府	江西省宜春市	18
临江府	江西省新余市、清江、新干、峡江三县等地	47
九江府	江西省九江市和德安、湖口、瑞昌、彭泽等县	120
瑞州府	江西省高安、宜丰、上高等地	30
抚州府	江西省抚州市	24
吉安府	江西省吉安市	18
广信府	江西省贵溪县	22
南安府南康县	江西省南康县	10
武昌府	湖北省黄石、阳新、通山、大冶等市县地	60
岳州府湘阴县	湖南省湘阴县	60
宝庆府邵县	湖南省邵阳市	20
武冈州	湖南省武冈市	24
新化县	湖南省新化县	18
长沙府安化县	湖南省安化县	22
宁乡县	湖南省宁乡县	20
益阳县	湖南省益阳市	20
建宁府建安县	福建省建瓯县	1360
崇安县	福建省崇安县	941
池州府	安徽省鬼池、青阳、东至等县地	3000
徽州府	安徽省歙州市、休宁、祁门、绩溪等县及江西婺源	3000
苏州府	江苏省苏州市	3000
滁州府	安徽省滁州市、来安、全椒三县地	300
徐州	江苏省徐州市	200
和州	安徽省和县、含山等地	300
广德州	安徽省广德、朗溪县地	300
共计　13910		

附表 1-2 乾隆五十九年御贡茶数量

贡茶时间	进贡地方官员	贡茶名称	贡茶数量
三月二十四日	陕西巡抚秦承恩	吉利茶	九瓶
三月二十六日	云贵总督富纲	普洱大茶 普洱中茶 普洱女茶 普洱蕊茶 普洱蕊茶	二十圆 二十圆 五百圆 五百圆 五十瓶
三月二十六日	安徽巡抚朱圭	珠兰茶 松萝茶 梅竹茶 银针茶 雀舌茶 涂尖茶	二箱 二箱 二箱 二箱 二箱 二箱
四月十二日	浙江巡抚吉庆	天竺芽茶 龙井芽茶	八瓶 五十瓶
四月二十四日	云贵总督富纲	普洱大茶 普洱中茶 普洱小茶 普洱女茶 普洱蕊茶 普洱芽茶 普洱茶膏 普洱蕊茶	五十圆 五十圆 二百圆 五百圆 五百圆 五十瓶 五十匣 五十瓶
四月二十二日	江苏巡抚奇丰	阳羡芽茶 碧螺春茶	五十瓶 五十瓶
四月三十三日	江西巡抚陈淮	永新砖茶 安远茶 庐山茶 芥茶 储茶	一箱 二箱 二箱 二箱 二箱
四月二十三日	贵州巡抚冯光熊	普洱大团茶 普洱中团茶 普洱小团茶 普洱蕊茶 普洱芽茶 普洱茶膏	五十圆 五百圆 一千圆 五十瓶 五十瓶 一百匣
四月二十六日	河东总河李奉翰	碧螺春茶	五十瓶
四月二十六日	湖南巡抚姜晟	安化茶 君山茶 界亭茶	五十瓶 二十七瓶 四十五瓶

四月二十七日	两江总督书麟	碧螺春茶 银针茶 梅片茶	五十瓶 十瓶 十瓶
四月二十八日	湖广总督毕沅	安化茶	一百瓶
四月二十八日	安徽巡抚朱圭	松罗茶 银针茶 梅片茶 雀舌茶 珠兰茶	二箱 二箱 二箱 二箱 二箱
四月二十九日	云南巡抚费淳	普洱大茶 普洱中茶 普洱小茶 普洱女茶 普洱珠茶 普洱芽茶 普洱蕊茶 普洱茶膏	五十圆 五十圆 一百圆 五百圆 五百圆 五十瓶 五十瓶 五十匣
七月二十四日	浙江巡抚吉庆	普陀芽茶	十瓶
七月二十五日	贵州巡抚冯光熊	龙里茶 贵定茶	五十瓶 五十瓶
七月二十六日	福州将军魁伦	天桂花香茶	一百瓶
十二月七日	湖北巡抚陈用敷	珠兰茶 涂尖茶 银针茶 梅片茶 雀舌茶	二箱 二箱 二十瓶 二十瓶 二十瓶
十二月十八日	两江总督苏凌阿	珠兰茶	五桶

资料来源：中国第一历史档案馆、香港中文大学文物馆编：《清宫内务府造办处档案总汇》，卷 55，北京：人民出版社 2005 年版。

第二章　清代贡茶品种

　　清代的贡茶分为土贡茶和不定期贡茶两类。土贡茶是贡茶的主体，是地方官每年必须向朝廷进贡的实物，带有实物税的性质，接收土贡茶的部门是礼部，这些贡茶基本上都会进入内务府广储司的茶库。不定期贡的贡茶则是地方官直接进呈给皇帝，一般直接进入宫廷的各类茶房。从档案记载来看，土贡茶的数量更大，而不定期贡茶的品类则更丰富。

　　清代的贡茶品类众多，既有芽茶也有相关的成品茶，本章结合故宫博物院现存的茶叶文物和相关的文献记载，对清代的贡茶种类进行介绍。按照清宫进单的记载，清代主要的进贡茶叶省份有十三个〔具体情况见附表 2-1〕。这些茶叶中成为贡茶的时间早晚不一，有的是从明代延续下来，有的是清代才开始成为贡茶的。这些贡茶进贡持续的时间也不一，一些贡茶品种一直延续到清末，也有一些贡茶由于宫廷的选择性因素或产量下降等各种原因的影响，进贡的时间较短。

附表 2-1　清代十三省的贡茶品种

省份	贡茶名称
福建省	武夷茶、岩顶花香茶、工夫花香茶、莲心茶、莲心尖茶、小种花香茶、天柱花香茶、三味茶、郑宅芽茶、郑宅香片茶、乔松品制茶、花香茶
云南省	普洱芽茶、普洱茶团、女儿茶、普洱茶膏
湖南省	君山银针茶、安化茶、界亭茶
湖北省	通山茶、砖茶
四川省	仙茶、陪茶、菱角湾茶、蒙顶山茶、灌县细茶、名山茶、观音茶、青城芽茶、春茗茶、锅焙茶
陕西省	吉利茶
江苏省	碧螺春茶、阳羡茶
浙江省	龙井茶、龙井雨前茶、龙井芽茶、黄茶、桂花茶膏、人参茶膏、日铸茶
安徽省	珠兰茶、雀舌茶、银针茶、六安茶、雨前茶、松萝茶、黄山毛峰茶、梅片茶、六安芽茶
江西省	庐山茶、安远茶、永安茶砖、宁邑芥茶、安邑九龙茶、赣邑储茶
山东省	陈蒙茶
广东省	鹤茶、宝国乌龙茶
贵州省	龙里芽茶、龙泉芽茶、余庆芽茶、贵定芽茶

资料来源：中国第一历史档案馆藏《宫中进单》。

[图2-1] 岩顶花香茶

1. 福建省

福建是中国古代贡茶的主产地之一。从唐代开始,福建贡茶逐渐成为中国贡茶的主体,宋代在建安设立贡茶院,所谓"本朝之兴,岁修建溪之贡,龙团凤饼,名冠天下,而壑源之品,亦自此而盛"[1]。贡茶院不仅成为宋代贡茶的主体,而且在茶叶的种植技术和加工工艺等方面都有很大的提高,并出现了一些相关的茶叶论著。明代,福建茶叶依然是贡茶的主体,其进贡数量占明代整个贡茶的一半左右。在明末以前,福建贡茶的主体均在建安,以建安贡茶为主体,其后武夷地区所产的茶叶逐渐成为福建茶叶的代表,并在清代成为福建贡茶的主体。从档案记载来看,清代福建省主要的贡茶品种有武夷茶、岩顶花香茶〔图 2-1〕、工夫花香茶、莲心茶〔图 2-2〕、莲心尖茶、小种花香茶、天柱花香茶、三味茶〔图 2-3〕、郑宅芽茶、郑宅香片茶、乔松品制茶、花香茶。如嘉庆十九年〔1814 年〕五月二十日,闽浙总督臣汪志伊进花香茶四大瓶、莲心茶四大瓶、郑宅芽茶五十小瓶、郑宅片茶五十小瓶。再如同治元年〔1862 年〕正月初七日,福州将军兼管闽海关税务文清进岩顶花

---

[1] 〔宋〕赵佶:《大观茶论》,转引自《中国茶叶历史资料汇编》,北京:农业出版社,1981 年。

[图2-2] 莲心茶

[图2-3] 三味茶

香茶五十瓶、工夫花香茶五十瓶、小种花香茶十八套瓶、莲心尖茶四盒。[1]
这些茶叶基本都产自武夷山区，都属于武夷岩茶的范畴。这些茶叶的命名也
是当地根据茶叶产地而定的，共分两种，即洲茶和岩茶。"二种之中，有各
分高下数种。其生于山上岩间者，名岩茶。其种于山外地内者，名洲茶。"[2]
在岩茶和洲茶中又根据品质的不同也有不同的定名，如花香茶就有岩顶花
香、天柱花香、功夫花香、小种花香、花香等多种。在此我们以小种花香
茶为例来看。

　　民国学者蒋希召在《蒋叔南游记第一集·武夷山游记》中记载："武夷
产茶，名闻全球。土杂沙砾，厥脉甚瘠，以其居于深谷，日光少见，雨露较
多，故茶品佳。且其种亦自有特异者，茶之品类，大别为四种。曰小种，其
最下者也，高不过尺余，九曲溪畔所见皆是，亦称之曰半岩茶。"[3] 这里所说的
小种即小种花香，在《清稗类钞》中记载："〔茶叶〕竟尚武夷，最著者曰花

[1] 中国第一历史档案馆藏：《宫中进单》。

[2] 〔清〕刘靖：《片刻余闲集》，转引自《中国茶叶历史资料汇编》，北京：农业出版社，1981年。

[3] 蒋希召：《蒋叔南游记第一集·武夷山游记》，民国十年〔1921年〕铅印本。

香,有花香而等而上者,曰小种。"[1]这里的小种也是小种花香。关于小种花香茶的记载还有很多,虽然记述不尽相同,但都将其归于岩茶的花香类中,是其中比较普通的一类。小种花香属于半发酵茶,这类茶叶是在明末清初经过改造、摸索与总结而制成。按照清代王草堂《茶说》的记载,武夷茶在采茶之后均匀摊在竹匾上,架在风日中晒青。"俟其青色渐收,然后再加炒焙","〔与其他茶叶相比〕独武夷炒焙兼施,烹出之时,半青半红,青者乃炒色,红者乃焙色也","既炒既焙,复拣去其中老叶枝蒂,使之一色。"

故宫博物院现存有部分小种花香茶,这些茶叶均用锡罐包装,每五个为一组,口部均用黄色封签封住,主体用黄色丝绳捆绑在一起,外面是黄色的包装盒,上有"小种花香"的黄签。从实物包装上看,这些茶叶是专门为进贡而制作的。内部的茶叶由于时间很长,颜色呈黑褐色,味道基本消退殆尽。从实物来看,这些茶叶都是经过一定的发酵制作,属于典型的半发酵茶。

清代福建武夷贡茶基本都与小种花香类似,清代的美食家袁枚在《随园食单》中记载:"然丙午秋,余游武夷,到曼庭峰天游寺诸处,僧道争以茶献。杯小如胡桃,壶小如香橼,每斟无一两,上口不忍遽咽,先嗅其香,再试其味,徐徐咀嚼而体贴之,果然清芬扑鼻,舌有余甘。一杯之后,再试一二杯,令人释躁平矜,怡情悦性。……故武夷享天下盛名,真乃不忝,且可以沦至三次而味犹未尽。""尝尽天下之茶,以武夷山顶所生冲开白色者为第一,然入贡尚不能多,况民间乎。"[2]可知武夷贡茶品质之佳。

除武夷岩茶外,郑宅芽茶也是福建贡茶中一个独具特色的茶品。清代学者杨复吉在《梦阑琐笔》中记述:"建安郑宅茶,近推为闽茶绝品。"清人徐昆在《遁斋偶笔》中记述:"闽中兴化府城外郑氏宅,有茶二株,香美甲天下,虽武夷岩茶不及也。所产无几,邻近有茶十八株,味亦美,合二十株。有司先时使人谨伺之,烘焙如法,藉其以数充贡。"[3]档案中就有郑宅芽茶和郑宅香片茶入贡的记载。由于郑宅芽茶的产量极少,且相关的文物也没有保存下来,所以无法见到其真正的茶品。

⑴ 徐珂:《清稗类钞》,页6313,北京:中华书局,1984年。

⑵ 〔清〕袁枚:《随园食单》,上海:上海古籍出版社,1995年。

⑶ 〔清〕徐昆:《遁斋偶笔》,光绪七年铅印本。

2. 云南省

清代云南主要的贡茶品种是普洱茶。雍正七年〔1729年〕，云贵总督鄂尔泰奏请实行改土归流政策，在思茅设总茶店，以集中普洱地区的茶叶贸易。同年八月初六日，云南巡抚沈廷正向朝廷进贡茶叶，其中包括大普茶二箱、中普茶二箱、小普茶二箱、普儿茶二箱、芽茶二箱、茶膏二箱、雨前普茶二匣。从此开始了普洱茶进贡的历史。据阮福《普洱茶记》记载："知每年进贡之茶，例于布政司库铜息项下，动支银一千两，由思茅厅领去转发采办，并置办收茶锡瓶缎匣木箱等费。……每年备贡者，五斤重

[图2-4] 最大型普洱团茶

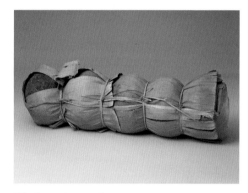

[图2-5] 中型普洱团茶

团茶、三斤重团茶、一斤重团茶、四两重团茶、一两五钱重团茶，又瓶盛芽茶、蕊茶，匣盛茶膏，共八色。思茅同知领银承办。"在《宫中杂件》中记载光绪三年四月新收普洱茶的品种数量为：普洱大茶九十个，普洱中茶九十个，普洱小茶九十个，普洱女儿茶三百个，普洱珠茶四百五十个，普洱蕊茶八十瓶，普洱芽茶八十瓶，普洱茶膏八十匣。从这三条文献档案中我们可以看到，普洱贡茶从雍正时期到光绪朝其基本品种并未发生大的变化，只是在名称上有些变动。

从实物的大小形状来看，五斤重团茶即普洱大茶〔图2-4〕，三斤重团茶即普洱中茶，一斤重团茶即普洱小茶，四两重团茶即女儿茶〔图2-5〕，一两五钱重团茶即珠茶，散茶和茶膏也基本没有变化。除此之外，贡茶品种还有七子饼茶等品种。下面具体来看这几种茶叶品种：

〔1〕团茶

鄂尔泰在实行改土归流后，在宁洱地方设立官办贡茶厂，制作各种类型

的团茶，"普洱茶成团，有大中小三种。大者一团五斤，如人头式，称人头茶，每年入贡，民间不易得也。"英国使者斯当东这样描述团茶："茶叶并非普通散开的茶叶，而是用一种胶水和茶叶混合而制成的球形茶叶。此种茶叶可以长久的保持原来味道，在中国系最贵重之品。这种茶叶出产于云南省，不经常出口外销。"[1]这种最贵重之品就是普洱团茶，普洱贡茶中的五斤重团茶即是贡单中的普洱大茶，三斤重即普洱中茶，一斤重即普洱小茶，女儿茶即四两重团茶，珠茶即一两重团茶，这几种茶品的外形是一样的，不同的只是其重量和体型的差异。

〔2〕散茶

在贡单中我们经常可以看到芽茶和蕊茶的记述，这些都是散茶。散茶相对于加工成团或饼的茶，其形状更能保持其原来的特征。芽茶的主要成分就是茶芽，是清明前后采摘的嫩芽经杀青、揉捻、晒干之后的茶品。散装的蕊茶相对芽茶来说，其茶芽更加细小，从名称上看，是以花蕊为主，实际仍然以茶芽为主，不过相对传统的芽茶更加细嫩，体型也相对较小。

〔3〕普洱茶膏

茶膏是茶叶的再生加工品，是以大叶普洱茶为原料，经过熬制、压模后做成的茶叶再加工品种。熬制的普洱茶膏〔图2-6〕，色泽如漆，膏体平滑细腻，表面富有光泽。造型上呈四方倭角形，上表面中心为团寿字，四角隅以蝙蝠纹装饰，图案布局疏密均匀，花纹规整，纹样呈阳文，与茶膏表面形成鲜明的凸凹对比。普洱茶膏在包装上也颇为讲究，以长方形纸盒为主体，外包明黄色缎子，盒盖正面印有红色正龙纹，盒内茶膏上下叠落排列，每行以云南当地所产的笋衣为材质，加工成长方条于每层茶膏下做间隔，用于防潮加固，再以长条黄绫从纵向做间隔，以防止茶膏相互碰撞。茶膏上面附有黄绫说明书，盖上盒盖，将别子插入孔内，与说明书共同呈横向拉力的作用，从而能进一步固定茶膏在盒内的稳定性。[2]如此细致的包装保证了洱茶膏到达宫廷的时候还是完整的，不致于破碎。

[1] ［英］斯当东著、叶笃义译：《英使谒见乾隆纪实》，页251，上海：上海书店出版社，2005年。
[2] 参阅刘宝建：《清代贡品——普洱茶膏》，北京荣宝艺术品拍卖会，第68期。

[图2-6] 普洱茶膏

　　普洱茶膏工艺精湛，装饰美观，从现存普洱茶膏的装饰上来看，这些茶膏应该是由皇家独自享用的，除了茶膏外表本身与众不同之外，其功能也有独到之处。现存实物上所附的黄单是从《本草纲目拾遗》中摘抄下来的，抄录如下："能治百病，如肚胀，受寒，用姜汤发散出汗即愈。口破，喉颡，受热疼痛，用五分嚼口，过夜即愈；受暑，擦破皮血者，搽敷之即愈。"由此可见，普洱茶膏不仅是一种很好的饮品，也是一种很好的药品。

　　在此要特别提出一点，清代宫廷中尚没有意识到普洱茶越陈越香的道理，在"贵新贱陈"的原则指导下，皇帝饮用的都是当年新进贡的茶叶，大量的陈茶会通过各种渠道处理掉，所以现存的普洱茶最晚不过光绪年间，距今一百多年，至多不会超过一百五十年。[1] 其他的茶类也是如此，所以故宫博物院现存的各类茶叶文物，几乎都是光绪朝或宣统时期的藏品。

---

[1] 笔者在翻阅当今学者著作时偶然看见邓时海先生在《普洱茶》一书中提到："现在所留下来最陈旧的，是北京故宫中的一个人头普洱贡茶〔金瓜贡茶〕，约有二百年的历史。"〔《普洱茶》，页38，昆明：云南科技出版社，2003年。〕从故宫现存的实物上看，应该不会超过一百五十年，所以这种说法值得商榷。

[图2-7] 银针茶   [图2-8] 梅片茶

3. 安徽省

安徽历来是中国重要的产茶地区之一。清代安徽的茶叶得到了进一步的发展，多种茶叶成为清宫的贡茶品种，从档案记载来看，主要有珠兰茶、雀舌茶、银针茶〔图 2-7〕、六安茶、雨前茶、松萝茶、黄山毛峰茶、梅片茶〔图 2-8〕、六安芽茶等。如同治六年〔1867 年〕四月初六日，安徽巡抚铿僧额巴图鲁英翰进珠兰茶一桶、雨前茶一箱、银针茶一箱、雀舌茶一箱、梅片茶一箱。光绪十六年〔1890 年〕十二月初三日，暂署两江总督安徽巡抚沈秉成进银针茶一箱、雀舌茶一箱、梅片茶一箱、珠兰茶一箱、雨前茶一箱。[①] 在这其中，梅片茶、雀舌茶和银针茶都属于六安茶的范畴，是六安茶中的优选茶品。而松萝茶则是清代出口的主要茶叶品种之一，产量很大。在此主要介绍一下这两类茶叶。

关于六安茶名称的由来，清人张星焕在《皖游纪闻》中记载："〔六安〕茶本霍山产，而其名以六安蒙之。盖宋代茶产盛时，霍山为六安县地，后置霍山，又隶六安郡，故世皆以为六安产。"清代，安徽每年向宫廷进贡大约四百袋六安茶〔每袋重一斤十二两，四百袋共重一万一千二百两〕。根据《霍山县志》记载："安徽霍山六安茶的产地分为东、西、南、北四个区域，而每一地区又有若干个产茶处。东边有凤凰冲、郭家山等二十

---

① 中国第一历史档案馆藏：《宫中进单》。

余处；北边有同山冲、九公牛等三十余处；南边有佛子岭、堆谷山等近二十处；西边有仙人冲、乌梅尖等近二十余处。"[1]

六安茶根据采摘时间的不同，其茶叶品质也不一，其中"银针茶"仅取枝顶一枪，即茶叶尚未展开的细小嫩芽，"雀舌"是取枝顶上二叶之微展者，"梅花片"则是择最嫩的三五叶构成梅花头。这几类茶叶每年的采摘数量有限，地方官往往会在年节将其进贡到宫廷中。如道光二年〔1822年〕安徽巡抚端阳进贡有松萝茶一箱、银针茶一箱、雀舌茶一箱、梅片茶一箱。[2]

从现存的贡茶实物来看，诸如梅片、银针等上好的六安茶，进贡时在包装上都十分讲究。一般在外有特制的黄色包袱包衬，里面为专门制作的锡茶叶罐，罐上刻有各种纹饰，如梅片贡茶上面镌刻有龙纹和梅花图案，中心有"梅片贡茶"的红色标识。茶叶罐内的六安茶细小均匀，应该是采摘茶叶的最嫩的尖芽而制成的。

松萝茶是清代安徽的又一主要的贡茶品种。松萝茶产自安徽徽州，清人宋永岳在《亦复如是》中记载："茶在松芽，系鸟衔茶子，堕松芽而生，如桑寄生然，名曰松萝，取鸟与女萝施于松上之意。"这种说法只是记述了部分岩石上所生长的松萝茶的状况，其实，松萝茶主要还是由人工种植、加工而成的，"松萝……色如梨花，香如豆蔻，饮如嚼雪，种越佳则色越白"[3]。"松萝之上者，名团方，皆去尖……茶之香，惟在焙者火候得宜耳，茶叶尖者太嫩而蒂多老，至火候均匀，尖者已焦而蒂尚未熟，故松萝者每叶皆摘去其尖蒂，但留中段，故茶皆一色，而功力烦矣。"[4]由此可见，松萝茶的加工工艺与其他类茶叶相比起来更为独特，特别是其去尖嫩芽的做法更是少见。清代，松萝茶大量行销海内外，以致"北自燕京、南极广粤，其茶统名松萝"。

4. 四川省

清代，四川的贡茶品种很多，从档案记载来看，主要有仙茶〔图2-9〕、

[1]〔清〕秦达章修：《〔光绪〕霍山县志》，南京：江苏古籍出版社，1990年。

[2] 参阅刘宝建：《清宫里的六安茶》〔未刊稿〕，特此说明。

[3]《吴从先茗说》，转引自《中国茶叶历史资料汇编》，北京：农业出版社，1981年。

[4]〔清〕黄凯均：《潜睡杂言》，转引自《中国茶叶历史资料汇编》，北京：农业出版社，1981年。

[图2-9] 仙茶

[图2-10] 陪茶

[图2-11] 菱角湾茶

[图2-12] 灌县细茶

[图2-13] 观音茶

[图2-14] 青城芽茶

陪茶〔图 2-10〕、菱角湾茶〔图 2-11〕、蒙顶山茶、灌县细茶〔图 2-12〕、名
山茶、观音茶〔图 2-13〕、青城芽茶〔图 2-14〕、春茗茶、锅焙茶等。这些茶
品各具特色，除了蒙山茶和锅焙茶进贡的数量较大外，其余茶品由于产量很
少，所以进贡的数量大都较少，地方官一般在节日或其他一些活动中作为土
产进贡到宫廷，如《养吉斋丛录》记载："四川总督年贡：仙茶二银瓶，陪茶
二银瓶，菱角湾茶二银瓶，春茗茶二银瓶，观音茶二银瓶，名山茶二银瓶，
青城芽茶十锡瓶，砖茶一百块，锅焙茶九包。"令人欣慰的是，故宫博物院现
存的茶叶实物中基本上还保存着四川进贡的各类茶叶品种，这对认识这些茶
叶具有重要的作用。在此以青城芽茶和蒙顶仙茶为例来看。

　　青城芽茶，产自四川青城山，生茶"色淡碧，香气浓郁，入口若无味，
少顷凉生，舌本如啖谏果焉"。入贡的青城芽茶都是经过烘焙而制成的，清
人江锡龄在《青城山行记》中，对青城芽茶的焙制过程进行了详尽的记载：
"时屈暮春，贡期近矣。山中人躬自做苦……就视之，巨锅六七具，负墙而
列。墙外闻曲突，数人燃薪其中，锅炽，则以巨筐盛嫩芽纳入。合左右手挠
之，不以杖，不以箸，不以把铲也。少顷，烟欲迷人目，隐隐做爆豆声，取
至竹箔上，一人揉且翻。若团钙然，汗津津如，弗顾也。既而盛于缄囊，踏
之以足，往复蹂躏，数数乃已，如是再者，启视则叶片缩如豆，白毫茸茸然，
斤得不过四五两。"由于清廷对青城芽茶的要求数量很大，"自长生宫至上清
宫各庙宇例有贡茶，或数十斤至百余斤不等"，因此，当地不得不"每届纳茶
之期，率以重价购诸市中，以充官茗"。

　　从现存的青城芽茶实物来看，茶叶均用锡罐包装，每罐的体积不大，罐
上没有装饰图案，罐口用黄封签帖封。罐内的茶叶短小卷曲，相较于一般的
茶叶体积较小，这是嫩芽经过烘焙后的结果。

　　仙茶也是清代四川独具特色的贡茶品种，产自四川的蒙顶山，是蒙顶山
茶中的一类。在蒙顶山天盖寺的"天下大蒙山碑"中记载："祖师吴姓，法理
真，乃西汉严道人，即今雅安人也。脱发五顶，开建蒙山，自领表来，随携
灵茗之种，植于五峰之中。"又宋代学者孙渐有《智矩寺留题》诗："昔有汉
道人，薙草初为祖。分来建溪芽，寸寸培新土。"赵懿在《蒙顶茶说》中记
载："名山之茶美于蒙，蒙顶又美之上清峰。茶园七柱又美之，世传甘露禅师
手所植也，二千年不枯不长。其茶，叶细而长，味甘而清，色黄而碧，酌杯

中香云蒙覆其上，凝结不散，以其异，谓曰仙茶。"从这三段材料中，我们可以得出这样的认识：蒙顶仙茶是在生长于蒙顶山顶的寺院之中，由建院禅师所种，历经两千年依然郁郁葱葱。叶细长，味道清爽，颜色微黄清亮就是仙茶的特点。

清代贡茶中以银质容器包装的，只有四川的五种茶品，即仙茶、陪茶、菱角湾茶、观音茶和春茗茶，其中以仙茶为首，"围以外产者，曰陪茶，相去十数里，菱角峰下曰菱角湾茶"。这几种是为了专补仙茶之不足，所以包装才一如仙茶。[1]这几种茶叶的包装分为长方盒与圆瓶两种，每两瓶茶叶放入同一木匣内。包装匣通体以木为心，内外分别以明黄色布或黄绫包裹，匣盖外有墨书"仙茶"字标，匣内有两长方银瓶，瓶口以黄色封签封口。之所以使用银质容器包装，首先是因为仙茶的产量非常少，"每岁采贡三百三十五叶"，其次是因为"天子郊天及祀太庙用之"，用于祭祀天地祖先的茶叶当然要用贵重的材料包装。

5. 浙江省

浙江素有"丝茶之府"的美誉，是我国长江中下游地区主要的产茶地区之一，也是我国古代贡茶的重要省份。清代浙江贡茶的品种主要有龙井茶〔图 2-15〕、龙井雨前茶、龙井芽茶〔图 2-16〕、黄茶、桂花茶膏〔图 2-17〕、人参茶膏〔图 2-18〕、日铸茶等。如乾隆三十六年〔1770 年〕二月二十一日，苏州织造舒文进雨前龙井毛尖茶八瓶，雨前龙井芽茶八瓶，再光绪二十六年〔1898 年〕四月二十八日，浙江巡抚刘树堂进贡龙井芽茶二十瓶、桂花茶膏二十匣。[2]在这些贡茶中，龙井茶是其中的代表茶品。

龙井茶产自现在的杭州西湖区，主产区有龙井、梅家坞、翁家山、杨梅岭、九溪、毛家埠等十三个村。明代学者冯梦龙在《龙井寺复先朝赐田记》中载："武林之龙井有二，旧龙井在风篁岭之西，泉石幽奇，迥绝人境，盖辩才老人退院。所辟山顶，产茶特佳。"明嘉靖《浙江通志》载："杭郡诸茶，总不及龙井之产，而雨前细牙，取其一旗一枪，方为珍品。"《玉几山房听雨录》

⑴ 刘宝建：《仙茶神护，清帝用之》，《紫禁城》2011 年第 4 期。

⑵ 中国第一历史档案馆藏：《宫中进单》。

[图2-15] 龙井茶

[图2-16] 龙井芽茶

载："龙井名龙井茶，南山为妙，北山稍次，龙井色香青郁，无上品矣。"[1] 通过上述材料，我们可以得知，龙井为杭州地区所特产的名茶，自唐代开始声誉日隆，特别是雨前龙井，更是为世人所重。其茶叶清香馥郁，色泽碧亮，不可多得。

　　乾隆皇帝六次南巡，曾四次到龙井茶的产茶区，并有大量描写龙井茶的诗句，其中有一首《雨前诗》："谷雨前之茶，恒为世所弥。巡跸因近南，驿跸贡即已。计其采焙时，雨水以后旬。谷雨早月余，而尚未春分。欲速有此茶，风俗安得醇。更忆夷中诗，可怜我穷民。尚茶供三清，不忍为沾唇。"[2] 这首诗描写了乾隆南巡看到产茶区的茶农，在谷雨之前采摘龙井茶备贡的场景，并发出了"可怜我穷民""不忍为沾唇"的慨叹。《清稗类钞》中有"高宗饮龙井新茶"的记载："杭州龙井新茶，初以采自谷雨前者为贵，后则于清明节前采者入贡，为头纲。颁赐时，人得少许，细仅如芒。瀹之，微有香，而未能辩其味也。"[3]

　　从故宫博物院现存的龙井茶实物上看，包装非常讲究。雨前龙井外包以

⑴〔清〕陈撰：《玉几山房听雨录》，转引自《中国茶叶历史资料选集》，北京：农业出版社，1981年。

⑵〔清〕爱新觉罗·弘历：《雨前诗》，《清高宗御制诗文全集》，北京：中国人民大学出版社，1993年。

⑶ 徐珂：《清稗类钞》，页6312，中华书局，1984年。

楠木匣，匣内用木板置于中间，一分
为二成两格，内放两小桶雨前龙井茶，
桶盖上附加贴红纸凹槽板，用来增加
包装效果，匣盖面有绿色"雨前龙井"
的标识。龙井芽茶以锡罐盛装，外敷
有黄色纸封，是专为进贡而制作的包
装。现存的龙井茶文物，茶叶细小单
薄，卷曲均匀，应该是取自茶叶的嫩
芽制成的。

[图2-17] 桂花茶膏

　　浙江的贡茶中，数量最大的不是
龙井茶，而是黄茶。黄茶是作为清宫烹制奶茶的主要原料〔按：一小桶奶茶
所需的原料：牛乳三斤半，黄茶二两，乳油二钱，青盐一两〕。如乾隆三十六
年〔1770 年〕巡行热河，茶库给乾隆预备有六安茶六袋、黄茶二百包、散茶
五十斤。黄茶是浙江地方官督办的主要例贡茶，每年要向宫廷进贡数百斤。

[图2-18] 人参茶膏

由于各种原因，故宫博物院现存的茶叶文物中并没有发现黄茶，因此，人们
目前仍难以看到其当年的面貌。

故宫博物院现存有各类的人参茶膏、桂花茶膏等，这些茶膏大都是清代浙江地方进贡到宫廷的。这些茶膏是以茶叶杂以人参、桂花等熬制而成的，具体使用的何种茶叶现在没有发现明确的文献记载，从文物中也难以析分出其本身的茶叶原料。从清代浙江地方进贡的茶叶品类来推测，因龙井茶本身不适合熬制，而黄茶是熬制奶茶的主要原料，因此这些茶膏很可能就是以黄茶为主料熬制而成的。故宫博物院现存的人参茶膏和桂花茶膏均用白色瓷瓶盛放，瓶身套有黄绫，上有"人参茶膏""桂花茶膏"的标识，瓶口用黄色封签封口，以表示其皇家专用的特色。瓶内的茶膏，呈长条形，其一面有竖向阳文"人参茶膏"或"桂花茶膏"四字。人参茶膏结合了人参和茶叶的功效，对于安神、增加免疫力等都具有很好的效果。

6. 江苏省

江苏是清代经济和文化的中心之一，也是清代贡茶的重要产地，主要的贡茶品种有碧螺春茶和阳羡茶〔图 2-19〕两种。如乾隆十七年〔1752 年〕四月二十八日，江苏巡抚臣庄有恭进碧螺春茶九十瓶、阳羡茶八十瓶。乾隆二十五年〔1760 年〕四月二十六日，江苏巡抚革职留任陈弘谋进阳羡茶一百瓶、碧螺春一百瓶。再如光绪二十二年〔1896 年〕四月十六日，江苏巡抚臣赵舒翘进阳羡芽茶二十瓶、碧螺春茶十六瓶。[①]从档案记载来看，从乾隆初年到光绪末年，江苏地方的贡茶为阳羡茶和碧螺春茶，并未看到其他的茶叶品种入贡的记载。下面具体来看：

碧螺春原为野茶，明末清初时开始精制，现在较为公认的关于碧螺春确切的记载是，清代王应奎所撰的《柳南续笔》，"洞庭东山碧螺峰石壁。产野茶数株。每岁土人持筐采归，以供日用，历数十年如是，未见其异也。康熙某年，按候以采，而其叶较多，筐不胜贮，因置怀间。茶得热气，异香忽发，采茶者争呼吓杀人香。吓杀人者，吴中方言也，因逐以名是茶云。自是以后，每值采茶，土人男女长幼，务必沐浴更衣，尽室而往，贮不用筐，悉置怀间。而土人朱元正独精制法，出自其家，尤称妙品，每斤价值三两。"从材料中我们可以看出，碧螺春原本是当地人采摘自用的一种野茶，直到明末清初时方

① 中国第一历史档案馆藏：《宫中进单》。

[图2-19] 阳羡茶

才加工成"妙品"茶叶。关于记载中所说的采茶必置于怀中的说法，则是一种流传下来的说法，未必可信。关于碧螺春名字的由来，《柳南续笔》中记载："康熙乙卯，车驾南巡，幸太湖。巡抚宋公，购此茶以进。上以其名不雅顺，题之曰'碧螺春'。自是地方大吏岁必来办。"[1] 从此碧螺春每年入贡，一直延续到清末。

关于碧螺春的植物特性及品质，在《洞庭东山物产考》中有详细记载："洞庭山之茶，最著名为碧螺春。树高二三尺至七八尺，四时不凋，二月发芽，叶如栀子，秋花如野蔷薇，清香可爱。实如枇杷核而小，三四粒一球。根一枝直下，不能移植。故人家婚礼用茶，取从一不二之义。茶有明前茶雨前茶之名，因摘叶之迟早而分组细也。采茶以黎明，用指爪掐嫩叶，不以手揉，置筐中覆以湿巾，防其枯焦，回家拣去枝梗。又分嫩尖一叶二叶，或嫩尖连一叶为一旗一枪，随拣随做。做法用净锅入叶约四五两，先用文火，次微旺，两手入锅，急急炒转，以半熟为度，过熟则焦而香不散，不足则香气未透。炒起入瓷盆中，从旁以扇搧之，否则色黄香减矣。碧螺春有白毛，他茶无之。碧螺春较龙井等为香，然味薄。饮之不过三次，其有清凉醒酒解睡之功。"[2] 从这段材料中我们可知，碧螺春茶的茶树高大约在70厘米到170厘

[1] 〔清〕王应奎：《柳南续笔》，嘉庆十七年常熟借月山房刻本。

[2] 《洞庭东山物产考》，转引自《中国茶叶历史资料选辑》，北京：农业出版社，1981年。

米之间，四季常青，有花、叶、果实。因采摘时间的早晚而分为明前茶和雨前茶。在焙制时取其嫩芽，放入净锅，边炒边揉。碧螺春香味浓郁，但茶味较薄，冲泡次数有限。

阳羡茶是清代江苏的又一主要贡茶品种，产自江苏宜兴。阳羡茶在唐代就已经成为贡茶，卢仝的《走笔谢孟谏议寄新茶》诗中有"天子须尝阳羡茶，百草不敢先开花"之句，屠隆在《考槃余事》中记载："阳羡，俗名罗岕。浙江之长兴者佳，荆溪稍下。"⁽¹⁾明万历《宜兴县志》记载："南岳山，在县西南一十五里山亭乡，即君山之北麓……盖其地即古之阳羡产茶处，每岁季春，采以入贡。"阳羡茶到清代产量下降，大量茶园荒废，所以在清代学者的记载中很难看到其相关的记载，因而出现了"阳羡仅有其名"的情况。从故宫博物院现存的阳羡茶实物上看，阳羡茶属于炒青绿茶类，嫩芽细长，加工工艺应该与碧螺春相类似。当今学者对其的评价是："外形紧直均细，翠绿显豪，内质香气清雅，滋味鲜醇，汤色清澈，叶底嫩均完整。"⁽²⁾

7. 湖南省

湖南一直是中国古代重要的贡茶省份。清代，湖南主要的贡茶品种有安化茶、君山茶、界亭茶几种。如同治十一年〔1872年〕六月初二日，署理湖南巡抚布政使王文韶进君山茶二匣、安化茶二匣、界亭茶二匣。光绪六年〔1880年〕六月十七日，湖南巡抚李明墀进君山茶二匣、安化茶二匣、界亭茶二匣。⁽³⁾下面具体来看：

关于君山茶，嘉庆年间学者做的《君山茶歌》这样记述："君山之茶不可得，只在山南与山北。岩缝石隙露数珠，一种香味那易识。春来长在云雾中，造化珍重供玉食。李唐始有四品贡，从此遂为守令职。"清代学者吴敏树在《湖山客谈》中记载："贡茶，君山岁十八斤，官遣人监僧造之，或至百数斤，斤以钱六百偿之。……贡尖下有贡兜，随办者炒成，色黑而无白毫，价率千六百。君山茶无他叶，其味粗细若一，粗者但陈，收而浓煎之，可消食利气

⁽¹⁾〔明〕屠隆：《考槃余事》，济南：齐鲁书社，1997年。

⁽²⁾王镇恒、王广智主编：《中国名茶志》，页54，北京：中国农业出版社，2000年。

⁽³⁾中国第一历史档案馆藏：《宫中进单》。

[图2-20] 茶砖

而无克损之害。"[1]从上述材料中我们可以看出，君山茶在五代时开始作为贡茶入贡，其茶叶产量一直不多。清代入贡时的数量并不大，由当地地方官派专人监造，实际具体操作的是当地的僧人。君山茶有尖茶和兜茶之分，尖茶即将鲜叶采回后摘下的芽头，用于纳贡，剩下的部分即兜茶，颜色发暗。从记载来看，君山贡茶应属黄茶类，具有消食利气的作用。袁枚在《随园食单》中评述："洞庭君山出茶，色味与龙井相同，叶微宽而绿过之。"可惜由于没有文物遗存下来，所以现在看不到其真正的茶叶品态。

安化茶也是清代湖南主要的贡茶品种之一，产于湖南长沙府安化县。"安化三乡，遍种茶树，谷雨之前之细茶，先尽引商收买。谷雨以后，方给客贩。"[2]安化茶品质优异，"其色如铁，而芳香异常，烹之无滓也"。明代中期，安化茶仿照四川黑茶的做法制成安化黑茶，很适合游牧民族加奶酪饮用，其后逐渐成为明清时期西北最畅销的茶叶品种，销量最高时每年约4000吨。[3]清代，安化茶主要是做成茶砖〔图2-20〕销售，这种茶砖是将安化茶杀青、揉捻、整形后进行紧压处理，做成长方形或正方形的形状。故宫博物院现存有部分的安化茶砖，这些茶砖选料较为均匀，叶芽细长，均为幼嫩芽叶。安化茶砖在饮用时，将其掰下一部分，然后混入奶酪等烹煮。清代学者纪昀曾

[1]〔清〕吴敏树：《湖山客谈》，转引自《中国茶叶历史资料选辑》，北京：农业出版社，1981年。

[2]〔清〕黄本骥撰：《湖南方物志》，光绪七年，上海著易堂铅印本。

[3]参见王镇恒、王广智主编：《中国名茶志》，页550，北京：中国农业出版社，2000年。

[图2-21] 安远茶

撰诗赞誉安化茶砖："向来只说官茶暖，消得山泉沁骨寒。"这里所说的"官茶"即安化茶砖。

关于界亭茶，现存相关的材料记载非常少，在《湖南方物志》中记载，界亭茶因产自湖南沅陵与安化交界处的界亭地方，故名。《辰州府志》记载："沅陵与安化的交界处，地名界亭，产茶，岁以充贡。"[1] 界亭茶的产地具体在"溆浦县西北三百五十里无射山，多茶树。……溆浦顿家山产茶，远近茶货者，多佃于此"。从材料中我们可以得知，界亭茶主要产自溆浦的无射山和顿家山地区。比较遗憾的是，现在的各类茶叶著作中也几乎看不到关于界亭茶的介绍，由于没有现存的文物，所以无法看到界亭贡茶真正的面目。但从档案记载来看，界亭茶是清代湖南重要的贡茶品种之一，从清中期一直延续到清末。

8. 江西省

江西是中国著名的产茶地区，也是清代重要的贡茶省份之一。清代主要的贡茶品种有庐山茶、安远茶〔图2-21〕、永安茶砖〔图2-22〕、宁邑芥茶、安邑九龙茶、赣邑储茶等。如乾隆五十七年〔1792年〕，江西巡抚进永新砖茶二箱、庐山茶四箱、安远茶三箱、芥茶四箱、储茶三箱。[2] 再如宣统二年

---

[1]〔清〕席绍葆等修：《辰州府志》，光绪七年刻本。

[2] 中国第一历史档案馆：《奏销档 432-174-1：奏为各省督抚所进土物数目缮单呈览事折，乾隆五十七年五月初二日》。

[图2-22] 永安茶砖

〔1910年〕五月初十日，降二级留任江西巡抚冯汝骙进永新砖茶二箱、庐山茶二箱。在此重点介绍进贡数量较大的庐山茶和苧茶。

庐山茶产自风景优美的庐山。"人间四月芳菲尽，山寺桃花始盛开"的庐山地区由于高山造成的昼夜温差大，气温低，所产茶叶具有"条索圆直，芽长毫多，叶色翠绿，有豆花香味，叶底嫩黄"的特点。清代黄宗羲在《匡庐游录》中记载："山中无别产，衣食取办于茶。地又寒苦，树茶皆不过一尺，五六年后，梗老无芽，则需伐去，俟后再栽。其在最高者，为云雾茶，此间名品也。"[1]李跋在《六过庐记》中记载："山中皆种茶，循茶径而直下清溪。"清代贡单上记载的庐山茶就是这种云雾茶，从材料中我们可知，当地居民因以茶为生，其产量应该是比较大的。

清代，茶名为苧茶的茶叶品种很多，与产自江苏宜兴的苧茶齐名的是江西赣州宁都所产的苧茶。宁都苧茶从唐代就开始入贡，一直延续到明清时期。关于苧茶的品质，《宦游笔记》记载："出赣州府宁都县，制法与江南之苧片异。大叶多梗，但生晒不经火气，枪叶舒畅，生鲜可爱。其性最消导。""采于春者为春苧，采于秋者为秋苧。烹之做兰花者最佳，做豌豆花香者次之。"[2]从记载中我们可以看出，宁都苧茶属晒青类绿茶，具有消食驱胀的功效。

除此之外，永新茶砖也是江西贡茶中非常具有特色的一种，茶砖呈长方

[1]〔清〕黄宗羲：《匡庐游录》，上海：上海书店出版社，1994年。

[2]《桐叶偶书》，转引自《中国茶叶历史资料选辑》，北京：农业出版社，1981年。

[图2-23] 永字茶砖

体，上有"永"字的标识〔图 2-23〕。清代永新茶砖与其他类茶砖一样受到宫廷的喜爱，成为熬制奶茶的重要原料，并大量赏赐给外藩。

9. 贵州省

贵州也是清代一个重要的产茶区，主要的贡茶品种有贵定芽茶和龙里芽茶等。如乾隆五十七年〔1792 年〕，贵州巡抚进龙里芽茶五十瓶、贵定芽茶〔图 2-24〕五十瓶、湄潭芽茶一百瓶。[1] 其中，以贵定芽茶和龙里芽茶最为著名。

康熙《贵州通志》记载："贵阳军民府，茶产龙里东苗坡。土人须其叶大乃采之，焙制无法，味不佳，近亦有采芽茶以造者，稍可供啜。平越军民府，茶出新添、阳宝山。"[2] 乾隆《贵州通志》记载："茶，产龙里东苗坡及贵定翁果冲、五棵树、摆耳诸处。"《续黔书》记载："黔之龙里东苗坡及贵定翁果冲、五棵树、摆耳诸处产茶……色味颇佳，近俱不产，大吏岁以为问，有司咸买他茶代之。"[3]《遁斋偶笔》记述："阳宝山在贵定县北十里，绝高耸。山

[1] 中国第一历史档案馆：《奏销档 432-174-1，奏为各省督抚所进土物数目缮单呈览事折，乾隆五十七年五月初二日》。

[2]〔清〕卫既齐修：《贵州通志》，康熙三十六年刻本。

[3]〔清〕张澍：《续黔书》，清光绪二十三年，贵阳书局刻本。

[图2-24] 贵定芽茶

顶产茶，茁出云雾中，谓之云雾茶，为贵州之冠，岁以充贡。"[1]从上述材料中我们可知，清代的贵定芽茶产自贵定县的阳宝山、翁果冲、五柯树、摆耳等地，龙里芽茶产自龙里东苗坡。贵定芽茶和龙里芽茶都属炒青类绿茶，关于贵定芽茶的制作工艺，笔者曾在贵州的茶厂实地考察过，其加工步骤依然是杀青、揉捻、整形，这与清人的记述一致。

故宫博物院现藏有部分贵定芽茶，其外包装为方形锡罐，无纹饰，茶叶细小厚重，与现在生产的贵定云雾茶基本相同。

10. 湖北、山东、广东、陕西

清代湖北、山东、广东、陕西也有一些贡茶进入宫廷，由于其数量较少加之品种较为单一，故在此放在一起介绍。清代，湖北主要的贡茶品种是通山茶〔图2-25〕。如同治十二年〔1871年〕十一月二十日，湖北巡抚郭柏荫进通山茶三箱。[2]山东主要的贡茶品种是陈蒙茶〔图2-26〕。广东主要的贡茶品种有鹤茶〔图2-27〕、宝国乌龙茶两类。陕西主要进贡吉利茶〔图2-28〕，如《养吉斋丛录》中记载："陕甘总督年贡进吉利茶三瓶。"[3]这几类茶叶大都

⑴〔清〕徐昆：《遁斋偶笔》，光绪七年铅印本。

⑵ 中国第一历史档案馆藏：《宫中进单》。

⑶〔清〕吴振棫撰、童正伦点校：《养吉斋丛录》，页314，北京：中华书局，2005年。

[图2-25] 通山茶

[图2-26] 陈蒙茶

是地方官在节日或一些重要的活动时进贡给宫廷的，其数量相对较少。下面结合故宫博物院所藏文物进行介绍：

在各类文献记载中，都没有通山茶相关的记载，查清代湖北的贡茶品类，并结合实际的文物来看，通山茶很可能就是产自远安县的黄茶。从现存的实物来看，通山茶与其他类的黄茶非常相似，叶芽短小，卷曲均匀，成条索环状。其外包装上有黄色封签，说明是专门为进贡而制作的茶品。

产自山东的陈蒙茶，在清后期开始进入宫廷，现存的陈蒙茶实物是光绪二十四年〔1898年〕六月进入宫廷的，现有两锡罐。从实物上看，应该属于炒青类绿茶。

吉利茶是清代西北地区主要的贡茶品种，几乎每次陕甘总督的进贡单上都会有吉利茶。查阅相关的档案和文献，我们并没有发现陕西吉利茶的产地和其品质的记载，但清代陕西主要的产茶区集中在与四川交界的陕南地区，这一区域最为著名的茶叶是紫阳茶，而紫阳茶正是陕西的贡茶品种。再者，从现存的实物上看，吉利茶与紫阳茶同属炒青绿茶，且在制作和进贡的时间上也基本一致。当然，这种推测并不能说明紫阳茶就是吉利茶，除非有相关的文献记载或其他佐证。现存的吉利茶文物为锡罐装，外用黄色纸包裹，上有红色"吉利茶"标识，黄签封口，茶叶细小均匀，应该是由清明前后采摘的嫩芽制成。

[图2-27] 鹤茶

[图2-28] 吉利茶

　　关于广东进贡的鹤茶，因广东名茶非常多，具体是何种茶叶，现在无从考证。但广东鹤山产茶的历史悠久，据《鹤山县志》记载，在道光时，鹤山成为广东最大的茶叶生产地区，其所产鹤山茶闻名中外。1904年成书的《广东实业调查概略》中提到："茶诸处皆有，然非上品，以鹤山古劳为著名。"故宫博物院现存一种名为"鹤茶"的茶叶文物，其外包装上有仙鹤的纹饰，其内所盛的茶叶现在很难判断是何种茶叶，有待继续考证。

　　广东进贡的另一类贡茶品种是宝国乌龙茶。清代，广东地方所产的有名乌龙茶大约有六种，因缺乏相关的文献记载和文物资料，宝国乌龙茶具体是何种茶叶，现在无法确认。故宫博物院现存有一件清宫遗存的乌龙茶〔图2-29〕实物，这件茶叶文物是清宫从宫外购买还是地方官购买后进到宫廷的，现在无法确认，但上面的茶店广告可以说明这盒乌龙茶是出自广东："绿华轩，本号自到武夷选办名岩、奇种、水仙、乌龙、小焙、大焙、君眉、白毫名款，名茶发售，贵客赐顾，请认召牌为记，铺在粤东省城太平门外十三行北向开张。"

[图2-29] 乌龙茶

　　纵观整个清朝近三百年的历史，我们可以发现清代贡茶具有以下几个特点：

　　一是从贡茶的时间段上看，可以借用"长时段""中时段"和"短时段"三种时段词汇对清代的贡茶品类进行分期考察。从长时段上看，清代贡茶的品类基本涵盖了清代主产茶区的茶叶品种，具有数量大、品类全的特点，这种特点贯穿清王朝的始终。这类的茶品有龙井茶、武夷岩茶等，这些茶品基本上在前代也是重要的贡茶品类，在清代，其进贡从清初一直延续到清末。从中时段上讲，一些从清初开始进贡的茶叶品类到清中期后就很少出现在贡单中，也有一些贡茶品类是从某一朝开始进贡并延续到清末的，如普洱茶，大量的进贡是从雍正时期开始，一直延续到清末。还有一些茶叶品种，由于战乱或其他客观原因，在某短时间曾停止进贡，如六安茶在太平天国运动时，就曾数年未贡。从短时段上讲，一些茶叶由于各类原因，进贡到宫廷的时间较短，如日铸茶，从《宫中进单》来看，其记载非常少，由此推断其进贡的次数相对有限，时间较短。

　　二是从贡茶地域上看，清代贡茶的产地由明代的五省扩展到十三省，将清代几乎所有的产茶省份均纳入其中，特别是偏远的云南、贵州和前代并不进贡的山东、陕西等，在清代都成为重要的贡茶省份。究其原因，一是清朝统治区域的扩大，通过改土归流等措施，将云贵边区纳入清王朝的直接管辖范围内，使得诸如普洱茶等茶叶品种成为清代贡茶的重要组成部分。二是清代全国经济更为一体化，不同地域间的茶叶贸易量不断扩大，进而衍生出一些新的贡茶品种，如山东地区，在清代开始移植、培育相关的茶叶品种，并出现了陈蒙茶这一贡茶品种。

三是从贡茶品种本身来讲，随着自然条件、加工制作技术等情况的不断变化，清代的茶叶品种经历了不断变化的过程。特别是随着沿海口岸的不断开放，一些西方、印度等地的茶叶加工技术也被引入国内，促进了一些新的茶叶品种的出现。如清代的乌龙茶，作为一种新出现的茶叶品种，是随着加工技术的不断变化而出现的，这种半发酵茶结合了绿茶和红茶的优点，畅销国内外，同时也进入宫廷。再有如安化黑茶的出现，相较于安化红茶，黑茶更适于游牧民族的加奶烹饮，因而受到清廷的垂青。

附表 2-2　《故宫点查报告》中记载的部分茶叶品种及数量[①]

号数	茶名	数量	备注
致字二七	安远茶	二二筒	
二三九〔号内 3〕	茶砖	三块	
二四〇	阳羡茶	二八箱	
二四一	各种花香	二八箱	
二四二	各种莲心	十九箱	
二四三	六安茶	十箱	
二四四	各种莲心	十四箱	
二四五	蒙茶	九箱	
二四七	花香茶	四箱	
二五二	红茶	一木箱	
二五四〔号内 14〕	工夫花香茶	五瓶	
二五五〔号内 4〕	莲花尖茶	一木匣	四铁盒
二五五〔号内 5〕	人参茶膏	一木匣	内二十盒
二五五〔号内 6〕	大小普洱茶	十五锡瓶	在一破匣内
二五五〔号内 7〕	人参茶膏	一小罐	

[①] 清室善后委员会刊行〔中华民国十四年三月一日〕：《故宫物品点查报告》第二编，册六·卷四·茶库。

二五五〔号内9〕	茶叶	二桶	
二五五〔号内10〕	茶叶	一布包	
二五五〔号内11〕	茶叶	一桶	
二五五〔号内12〕	普洱茶	五匣	十瓶
二五五〔号内13〕	茶叶	七盒	附茶膏五块在破盒底内
二五七	茶叶	一匣	二桶
二六一至三〇〇	茶叶	四十箱	内分装瓶匣不等
三〇二〔号内3〕	茶叶	一箱	
三〇二〔号内4〕	茶叶	六瓶	
三〇四	砖茶	七十块	带一木方盘
三〇五至三〇九	砖茶	五匣	内盛块数不等
三一〇至三一五	严顶花香茶	六匣	内盛瓶数不等
三一七〔号内1〕	芙蓉无尖	六包	
三一七〔号内2〕	普洱茶	二块	
三一七〔号内3〕	茶叶	十桶	桶系锡制外带黄锦包袱
三一七〔号内20〕	珠兰贡茶	六十桶	
三一七〔号内21〕	工夫花香茶	七十匣	每匣六十瓶
三一七〔号内22〕	工夫花香茶	五十四瓶	
三一八	阳羡茶	四十箱	每箱二瓶
三一九	碧螺春	八箱	
三二〇	茶叶	五十箱	每箱四瓶
三二一	名山茶	七箱	
三二二至三二四	茶叶	六八箱	
三二五	小种花香茶	十二箱	
三二六	通山茶	二箱	自三二〇号起至三二六号止均原箱未开
三二七	莲心尖茶	三箱	
三二八	工夫花香	二箱	
三二九	通山茶	一箱	十锡盒
三三〇	花香茶	十五箱	每箱二锡盒
三三一	蒙茶	一箱	二锡盒
三三二	竹兰茶	二箱	共四桶
三三三	通山茶	三箱	
三三四	茶叶	一箱	二匣
三三五	小种花香茶		每箱六匣带小锡盒
三三六	工夫花香茶	一箱	每箱二匣带小锡桶各十
三三七	珠兰茶	四箱	每箱二锡桶
三三八	名山茶	一箱	九锡瓶原箱未开
三三九	茶叶	六箱	每箱二匣
三四〇	莲心茶	二七箱	

三四一	花香茶	二箱	
三四二	蒙茶	一三二箱	
三四三	莲心花香茶	五五箱	棕包长方箱
三六三	各色普洱茶	四架	
三六四	各种茶膏	一架	
三六五	各种普洱茶	半屋	木箱盛装
三八一至三八三	阳羡茶	三箱	内装十匣八匣不等共计二八匣
三八七			茶叶箱子二大间，未点数系后库中间屋西头二间

第三章 清代贡茶的运输

清代，贡茶从产地抵达京城的成本是非常高的，为了保证皇宫能饮到当年新出的茶叶，地方官员想尽各种办法缩短茶叶的采摘时间，尽可能快的将茶叶运抵京师。而清政府也制定了一系列的措施保障贡茶能按时交进宫廷，随着时间的推移，逐渐形成了一套成熟的管理制度。不仅是贡茶，其他的各类土贡产品基本上也遵循这种制度，形成了清代独具特色的贡品运输制度。

第一节　清代贡茶运输概述

清代贡茶的运输可分为土贡和不定期贡两类。土贡的茶叶由贡茶所在地的地方官员负责起解，派专人负责解押，派发通关令牌和接送路费银。顺治七年〔1660年〕，清廷规定贡茶由户部改由礼部执掌。"应贡之茶，均从土产处所起解，一律送礼部供用。"茶叶到京后交与负责接收的礼部光禄寺，然后转交广储司茶库统一管理分配。当然这其中也有一些例外，如江南各省"贡茶由藩司差官汇解礼部议准，多由礼部接收转交茶库，惟六安岁贡芽茶扔照旧委员另解。……并由通政司进呈，再由光禄寺转交内务府下属的茶库"。清代贡茶的解运有严格的时间限制〔附表3-1〕，"凡解纳，顺治初，定直省起解本折物料，守道、布政使差委廉干官填付堪合，水路拨夫，限程押运到京"[1]。运送贡茶的地方必须要在规定的时间内解送至京〔附表3-2〕，这就对运送贡茶提出了很高的要求。到京以后，"解员事竣，由部给领司，任限照正印解员于引见后填给，经杂解员于发实后填给"[2]。严格的程序对地方官运送贡茶提出了更高的要求，使得各地官员想尽一切办法，通过各种手段将茶叶在规定的时间内运到京城。

清代继承了明代的递运制度，到了康熙时期，递运所逐步裁减，驿站开始配备专门负责运输的驿夫，不论是军用物品还是地方贡品都是通过驿站转运的。[3]清代的贡茶也基本上是通过驿站运送至京城的。除此之外，一些路途遥远的省份，还会通过水路运送贡茶，这样在很大程度上可以节省人力、物

---

[1] 雍正朝《大清会典》，近代中国史资料丛刊三编，辑77，页2745，台北：文海出版社，1993年。

[2] 故宫博物院编：《钦定户部则例》，页175，海口：海南出版社，2000年。

[3] 参见刘文鹏：《清代驿传及其疆域形成关系之研究》，页4，北京：中国人民大学出版社，2004年。

力及时间，但同时也对贡茶的包装提出了更高的要求。

清代运送贡茶是由地方官委派专人负责押运，雇佣脚夫进行运送。如普洱地方"倚邦贡茶，历史上皇帝令茶山要向朝廷纳一项茶叶，称之为贡茶，年约百担之多,都全靠人背马驮运至昆明"[1]。运送贡茶每年都会花费大量的银两，如安徽霍山地方，"始系户办纳本色交官起解，每茶一课，止徵水脚解费银二钱二三分不等"，通算下来，每年运送四百余袋六安茶就需花费运送银近百两。相较于安徽，地处边陲的云南和福建等地花费的运输成本则更高。

不定期贡的茶叶由于数量相对较少，一般和其他贡品一起进入宫廷。这些贡茶一般会由进贡官员的亲信负责解押，到京之后交与奏事处，皇帝根据需要及个人爱好赏收或封驳。一般情况下，作为土特产的茶叶都会留用。这些不定期进贡的茶叶也是经过驿站运送至京。

附表 3-1　清代地方部分贡茶到京时日一览表

贡茶地方		期限〔日〕
江南省	常州府	46
	泸州府	25
	广德州	46
浙江省	杭州府	52
	湖州府	52
	宁波府	61
	绍兴府	55
	处州府	70
	温州府	77
	金华府	64
	严州府	58
	台州府	71
	衢州府	67
福建省	建宁府	78
江西省	南昌府	60
	南康府	51
	赣州府	83
	袁州府	79

[1] 《版纳文史资料选辑》辑四，页 16。另，清代关于茶叶的数量单位，一担大约 150 斤。美国学者托马斯·莱昂斯在茶叶数量单位上记录 1 担 =133.33 磅，见氏著《中国海关与贸易统计 1859-1948》"附录"，杭州：浙江大学出版社，2009 年。

	临江府	65
	九江府	55
	瑞州府	64
	建昌府	75
	抚州府	73
	吉安府	71
	广信府	75
	饶州府	61
	南安府	90
湖广省	武昌府	54
	岳州府	71
	宝庆府	59
	长沙府	81

附表3-2　各省到京路程〔以驿站数量计算〕[①]

起始地方	到京历经驿站数量〔单位：站〕	到京时限〔单位：天〕
直隶	5	20
山东	15	30
山西	19	30
河南	23	30
广东	56 零 5 里	90
广西	72	100
江苏	〔陆路〕41 〔水路—通州〕39	50
安徽	45	55
江西	54	60
浙江	47	55
湖北	45	50
湖南	60	70
福建＼四川		80
云南		110
贵州		100

[①] 故宫博物院编：《钦定户部则例》，第165、175页，海口：海南出版社，2000年。

第二节 清代贡茶运输考察之一
——以福建武夷岩茶运输为例

由于清代贡茶产地分布非常广泛，其运输方式也不一而同，为厘清清代贡茶的运输情况，在此用两节的篇幅，以福建武夷岩茶和云南普洱贡茶的运输为例，进行考察，以点窥面，展示清代贡茶完备的解运制度。

福建一直是中国古代贡茶的主产区之一，自唐代开始，建宁贡茶一度成为中国贡茶的代名词。宋代，在建宁县设贡茶园，贡茶园所制"龙团凤饼"成为中国古代贡茶的标志之一。明代，福建仍旧是最主要的贡茶产区，《明会典》记载"福建解纳叶茶二千三百五十斤"[1]，占全国贡茶的一半以上，芽茶以建宁茶为上品，主要从建安、崇安两县采纳。从明末开始，武夷茶日益兴盛并逐步取代建安芽茶，有"武夷之名甲于海内"[2]之说。《茶疏》有"江南之茶，唐人首称阳羡，宋人最重建州。于今贡茶，惟有武夷雨前最盛"之誉〔图 3-1〕明代

---

[1] 《明会典》记载:岁进芽茶"建宁府建安县 1360 斤，其中探春 27 斤，先春 634 斤，次春 262 斤，紫笋 227 斤，荐新 201 斤。崇安县 990 斤，其中探春 32 斤，先春 38 斤，次春 150 斤，荐新 428 斤"。见《明会典》，卷一一三，《岁进芽茶》。

[2] 〔明末清初〕谈迁:《枣林杂俎》，下册，页 147，中华书局点校本。

[图3-2] 武夷茶园

贡茶以茶叶采摘的时间先后不同，分为探春、先春、次春、荐新等几类，所谓"春"，是指从谷雨到立夏每隔两旬的一个时间段，[1] 采摘的时间越早，茶叶质量越高。清代，福建的贡茶产区主要集中在武夷山一带，主要以崇安为主〔图 3-2〕。具体的产茶地有城高、天心、马头、香水、鼓子、弥陀、盘珠、山当、云峰、天壶、铁栏、土章堂、止止庵、外金井、集贤、青狮、慧苑、龙吟、白云、玉女、茶洞、沙坪、桃源等三十六峰，[2] 这些地方基本都是围绕在武夷山及九曲河湾附近。从档案记载来看，主要的贡茶品种有武夷茶、岩顶花香茶、工夫花香茶、小种花香茶、天柱花香茶、花香茶。故宫现存的武夷岩茶基本将其囊括其中，包括小种花香茶、功夫花香茶、岩顶花香茶及各类岩茶。

关于武夷茶的品质，民国学者蒋希召在《蒋叔南游记第一集·武夷山游记》中记载："武夷产茶，名闻全球。土杂沙砾，厥脉甚瘠，以其居于深谷，

⑴ 参阅《王草堂茶说》，见陆廷灿：《续茶经》。
⑵《清采办贡茶茶价禁碑》，转引自陶德臣：《从碑刻资料看武夷山茶叶生产情况》，《农业考古》2010 年第 5 期。

日光少见，雨露较多，故茶品佳。且其种亦自有特异者，茶之品类，大别为四种。曰小种，其最下者也，高不过尺余，九曲溪畔所见皆是，亦称之曰半岩茶，价每元一斤。曰名种，价倍于小种。曰奇种，价又倍之。乌龙、水仙与奇种等，价亦相同，即每斤四元。水仙叶大，味清香。乌龙叶细色黑，味浓涩。曰上奇种，则皆百年以上老树，至此则另立名目，价值奇昂。如大红袍，其最上品也，每年所收天心不能满一斤，天游亦十数量耳。"[1]

福建武夷岩茶从清初成为贡茶，一直延续到清末。乾隆二十八年〔1763年〕，福建建宁府知府颁布《采办贡茶茶价禁碑》〔图3-3〕，其中明确规定贡茶由崇安县令负责征缴，下有具体负责的胥吏和乡练。收缴贡茶时按照文定章程，在崇安下辖的星村茶行办理，"上宪购买，原论茶之高下照值平买，并无丝毫短少"[2]。此后，武夷岩茶一直按照此规定进贡。武夷岩茶每年进贡都要耗费大量的人力和物力，清代学者吴骞在《桃溪客语》中记载："山僧有献佳茗者，会客尝之。野人陆羽以为芬芳甘辣冠于他境，可荐于上，栖筠从之，始进万两，此其滥觞也。厥后因之，征献浸广，遂为任土之贡。每岁选匠征夫至两千余人。"[3]两千余人应该是武夷贡茶最为鼎盛时期的数字。清代，贡茶由朝廷直接控制变成间接购买，地方官员不再负责茶园的日常管理及加工，而是主要负责成品贡茶的购买和征缴。将贡茶收购完毕后，由地方官员在指定的星村茶行再进行甄选、包装。在贡茶上一般会贴有皇家专用标志的黄封签、封口，外面以黄色纸箱或木箱包装。在贡茶包装完毕后，由崇安县令雇用脚夫并派遣专员负责押运。

福建地处中国东南，距京城四千八百余里，且福建地方"水路则风信不

⑴ 《清采办贡茶茶价禁碑》，转引自陶德臣：《从碑刻资料看武夷山茶叶生产情况》，《农业考古》2010 年第 5 期。
⑵ 〔清〕吴骞：《桃溪客语》，清嘉庆刻本。
⑶ 光绪朝《大清会典事例》，卷七〇〇。

[图3-3] 采办贡茶茶价禁碑

时，渡涉维艰；陆路则崇山峻岭，登涉不易"[1]，给贡茶运输带来了很大的难度。从福建到北京，可沿陆路驿站逐步北上，从崇安的赤石启程，经福建、浙江、江苏、山东进入直隶，最后到达京师的皇华驿，全程 4800 余里〔附表 3-3〕。除了陆路之外，很多时候从福建崇安起运的贡茶往往河运进京，一般情况下是在浙江的元和县姑苏驿进入运河，沿河北上，从姑苏驿到皇华驿，水路共 3141 里，加上从崇安到元和县的陆路驿站 1650 里，总计 4791 里。

除了驿路外，清代从福建崇安到北京的路线还有一条海路，许多茶叶商人都会走此路。海路即从崇安经浙江的江山，然后转站上海，走海上到达天津，最后到京师，这条路线相对来说平稳一些。清代，商人将武夷岩茶从福建运往北方时一般都会走这条道路。由于需经过海运和河运，对贡茶的保管提出的要求也会比较高，特别是在防潮、防湿等方面。由于锡具有防潮的作用，所以一般将贡茶装在锡制的罐内，从而保证茶叶较完好的到达宫廷。

---

[1] 在中国生活十年之久的俄国人叶·科瓦列夫斯基在其著作《窥视紫禁城》中记载了福建武夷山的茶叶途经北京运往张家口中俄贸易的路线，其中就包括从崇安到北京的路线："茶叶在那里就已经向我们在国内所见到的那样装好箱了，然后通过水路或雇脚力运至崇安，水路大约有 17 俄里，陆路是 11 俄里，两种方法每箱运费均为 4 个银戈比。由崇安向前仍旧是山路为多，因此还要雇用脚力。经玉山到浙江省的江山城，要走 150 多俄里，这一段每箱茶叶大约要花费 75 个银戈比。在江山，将茶叶装上多位大帆船顺流而下运至钱塘江，然后再改换别的船顺着条江经东海的诸海湾将茶叶运至上海的港口。赶上天气不错的话，这段航程两周就能走完，每箱的花费最大约为 60 银戈比。以前上海的茶叶都通过海船从水路直接运往天津，航程为 15-20 天，花费大约 1 银卢布 75 银戈比一箱。如今海盗猖獗，茶船过不去了，只好改走陆路，这样每普特茶叶要花费差不多 2 个银卢布。由天津乘多桅大帆船沿白河而上抵达通州〔距北京 20 俄里〕，航程为 180 俄里，需要 10 天，花费每箱 1 银卢布 50-70 银戈比，从通州起都是陆路……"参阅 [俄] 叶·科瓦列夫斯基著、阎国栋等译：《窥视紫禁城》，页 217-218，北京：北京图书馆出版社，2004 年。

附表 3-3 自北京至崇安所经驿站

历经省份	起始驿站	至下站里程
直隶	皇华驿	70
	良乡县固节驿	70
	涿州涿鹿驿	70
	新城县汾水驿	70
	雄县归义驿	70
	任丘县鄚城驿	70
	河间县瀛海驿	60
	献县乐城驿	40
	交河县富庄驿	40
	阜城县阜城驿	50
	景州东光驿	60
山东	德州安德驿	80
	平原县桃园驿	70
	禹城县刘普驿	70
	齐河县晏城驿	60
	长清县崮山驿	57
	长清县长城驿	50
	泰安县驿	45
	泰安县崔家庄驿	45
	新泰县杨柳店驿	60
	新泰县驿	60
	蒙阴县驿	70
	沂水县垛庄驿	60
	兰山县徐公店驿	70
	兰山县驿	40
	兰山县李家庄驿	70
	郯城县驿	45
	郯城县红花埠驿	60

	宿迁县伺峿驿	60
	宿迁县钟吾驿	60
	桃源县古城驿	60
	桃源县桃源驿	80
	清河县清口驿	40
	山阳县淮阴驿	80
	宝应县安平驿	60
	高邮州界首驿	60
江苏	高邮州孟城驿	60
	甘泉县邵伯驿	45
	江都县广陵驿	50
	丹徒县京口驿	100
	丹阳县云阳驿	100
	武进县毗陵驿	100
	无锡县锡山驿	100
	元和县姑苏驿	45
	吴江县平望驿	120
	嘉兴县西水驿	100
	石门县驿	110
	钱塘县吴山驿	15
	钱塘县武林驿	10
	钱塘县浙江驿	90
	富阳县会江驿	100
浙江	桐庐县桐江驿	95
	建德县富春驿	100
	兰溪县瀫水驿	80
	龙游县亭步驿	70
	西安县上航驿	85
	江山县广济驿	160
福建	浦城县小关驿	90
	浦城县拓浦驿	70
	浦城县人和驿	70
	建阳县营头驿	70
	建阳县建溪驿	50

	崇安县兴安驿	40
	崇安县裴村驿	30
	崇安县长平驿	50
	崇安县大安驿	
自京师的皇华驿到福建崇安的大安驿，总计 4887 里		

资料来源：《嘉庆重修一统志》：卷一，《京师》；卷一六一，《山东统部》；卷七二，《江苏统部》；卷二八一，《浙江统部》。

第三节　清代贡茶运输考察之二

——以云南普洱贡茶运输为例

由于受到地理环境和文化差异等条件的限制，普洱茶走过了一个相对漫长的发展阶段，直到唐朝才逐渐开始被世人所知。与吐蕃的大量交易，才在一定程度上促进了普洱茶走向中原，但这种情况时断时续。檀萃在《滇海虞衡志》中记载："普茶不知显于何时。宋自南渡后，于桂林之静江军以茶易西蕃之马，是谓滇南无茶矣。"说明在这一时期，普洱茶的影响还是比较有限的，与吐蕃交易马匹所用的茶叶并非普洱茶。经历元明时期的发展，普洱茶逐渐成为名茶，为中原士人所用，开始受到各个阶层的喜爱。

普洱茶走进宫廷，逐步走向其繁盛局面则是在清朝。清朝顺治十六年〔1659 年〕平定云南后，"遍隶元江通判，以所属普洱等处六大茶山，纳地设普洱府，并设分防"[①]，普洱茶于康熙五十五年〔1716 年〕进入宫廷，"开化〔今云南文安县〕总兵阎光纬'进普洱茶肆十圆，孔雀翅十副，女儿茶捌篓'"，这是普洱茶进入宫廷的开始。

雍正七年〔1729 年〕，云贵总督鄂尔泰奏请实行改土归流政策，在思茅设总茶店，以集中普洱地区的茶叶贸易。同年八月初六日，云南巡抚沈廷正向朝廷进贡茶叶〔图 3-4〕，其中包括大普茶二箱、中普茶二箱、小普茶二箱、普儿茶二箱、芽茶二箱、茶膏二箱、雨前普茶二匣，从此开始了普洱茶进贡

---

① 〔清〕阮福：《普洱茶记》，转引自《中国茶叶历史资料选辑》，北京：农业出版社，1981 年。

[图3-4] 雍正七年云南巡抚进贡普洱茶档案

的历史。普洱茶在入贡之初规模相对较小，地方官直接进行茶叶的收购、包装，并派员运送至京。乾隆元年〔1736 年〕，清政府设置思茅同知，并在思茅设立官茶局，在"六大茶山"设官茶子局，在普洱府设立茶厂、茶局，统一管理茶叶的加工和贸易，负责茶叶的税收和收购，并将贡茶纳入到官茶收购体系中。阮福在《普洱茶记》中记载："知每年进贡之茶，例于布政司库铜息项下，动支银一千两，由思茅厅领去转发采办，并置办收茶锡瓶缎匣木箱等费。其余在思茅，本地收取鲜茶时，须以三四斤鲜茶，方能折成一斤干茶。每年备贡者，五斤重团茶、三斤重团茶、一斤重团茶、四两重团茶、一两五钱重团茶，又瓶盛芽茶、蕊茶，匣盛茶膏，共八色。思茅同知领银承办。"咸丰时，云贵总督张亮基奏称："思茅厅每年应办贡茶向由藩库请领银一千两发交倚邦土弁采办运省解京"。[1]

通过上述材料，我们可以得知，普洱茶在康熙末年开始进入宫廷，起初数量较少，由地方官具体负责茶叶的采办和运输。后随着贡茶规模的扩大，先后设立总茶店和官茶局负责茶叶的税收和收购。从乾隆元年〔1736 年〕开始，贡茶由思茅同知承办，雇用各产茶区〔主要是易武和倚邦两地〕的土弁，具体负责贡茶的购买、甄选、包装及运输等各项贡茶事宜，所用购买茶叶银两从布政司库铜项下支取，每年支银一千两。官茶局收取鲜茶，进行晾晒、

[1] 中国第一历史档案馆：《奏销档 684-051：奏复云贵总督应办普耳茶仍著照例呈进事折，咸丰十年五月十四日》。

加工、包装，分别制成八类成品茶，即五斤重团茶、三斤重团茶、一斤重团茶、四两重团茶、一两五钱重团茶，又瓶盛芽茶、蕊茶，匣盛茶膏。所有这些准备工作都要求在谷雨前十天完成，备办贡茶完毕后，地方官员派员解送至京。

清代，普洱地处西南边陲，《普洱府志》记载："自省至京五千八百九十五里，普洱至省九百四十里，至京六千八百三十五里。"普洱贡茶经过六千八百多里的路程进入宫廷，而清政府规定云南贡茶的运输时限为一百一十天，这就对地方官押送贡茶提出了更高的要求，即在保证茶叶质量的情况下，以最快的速度运抵京师。普洱贡茶解送北京的路线也就是著名的"官马大道"，即从普洱到昆明，然后从昆明起运到北京的路线。为完整的将清代普洱贡茶进贡的路线展示出来，在此特将从产茶地〔六大茶山〕到北京的路程分成三个部分进行论述，即从产茶的六大茶山到集散地普洱府，后从普洱府起运抵达省城昆明，[1]然后从昆明逐步北上进入北京。

1. 从六大茶山到普洱

普洱贡茶产自六大茶山〔图3-5〕，这是学术界公认的一个定论。但关于六大茶山的具体所指，一直以来有许多种说法，不妨抄录于下：

光绪年间《普洱府志》：攸乐、革登、倚邦、莽枝、曼瑞、曼撒。

雪渔《鸿泥杂志》：云南通省所用茶，俱来自普洱。普洱有六茶山，为攸乐，为革登，为倚邦，为莽枝，为蛮专，为曼撒。其中惟倚邦、蛮专者味较盛。

阮福《普洱茶记》：有茶山六处：曰倚邦，曰架布，曰翌崆，曰蛮专，曰革登，曰易武。

1962年《云南日报》：易武、景迈、勐海、南糯、布朗、攸乐。

1993年《云南茶叶》：曼庄、曼撒、易武、倚邦、革登、攸乐。

还有澜沧江以东或以西六大茶山的说法，各种观点各执一词，相互争论了

---

① 陈怀远先生曾对茶马古道作过田野调查，得出的结论：1. 倚邦街到昆明的运输路线：倚邦－勐旺－思茅－普洱－昆明；2. 易武街到昆明的路线：易武－曼撒－倚邦－勐旺－思茅－普洱－昆明。参见《中国云南普洱茶古茶山茶文化研究》，昆明：云南科技出版社，2005年。

[图3-5] 普洱茶园

很久。不过现在较为一致的说法是：曼撒、倚邦、革登、攸乐、蛮瑞、莽枝。[1]

雍正七年〔1729 年〕，鄂尔泰在云南推行改土归流之后，清政府加强了对普洱地方的管辖，基本上形成了以澜沧江为界的直接统治区和土司统治区，大大加强了在这一区域的控制力度。乾隆元年〔1736 年〕，设置思茅同知，并在思茅设立官茶局，在六大茶山设官茶子局，负责茶叶的税收和收购。在普洱府设立茶厂、茶局，统一管理茶叶的加工和贸易，使普洱成为茶叶制作、贸易的中心和集散地。

清代，普洱地方的贡茶交易在普洱府的官茶局进行，茶农需要将茶叶从六大茶山运抵普洱。从六大茶山运茶到普洱，要经过一条非常艰难的小道，也就是被称为"茶庵鸟道"的驿道。关于这条道路，清代宁洱的贡生舒熙盛曾经有一首诗《茶庵鸟道》描述了此路的艰难："崎岖鸟道锁雄边，一路青云直上天。木叶轻风猿穴外，藤花细雨马蹄前。山坡晓度荒山月，石栈春含野墅烟。指顾中原从此去,莺声催送祖生鞭。"[2] 由此可见此路的艰难。倪蜕在《滇云历年志》中记述了百姓运茶之苦，"茶山之于思茅，自数十里至千余里不止。近者且有交

[1] 此处结论参考了赵志淳：《普洱茶源流及六大茶山考》，参见《中国云南普洱茶古茶山茶文化研究》，昆明：云南科技出版社，2005 年。

[2] 光绪《普洱府志》卷十九，《艺文志》。

收守候之苦，人役使费繁多。轻戥重秤，又所难免。然则百斤之价，得半而止矣。若夫远户，经月往来，小货零星无几，加以如前弊孔，能不空手而归？小民生生之计，只有此茶，不以为资，又以为累。何况文官责之以贡茶，武官挟之以生息。则截其根，赭其山，是亦事之出于莫可如何者也。"[1]在当时的交通条件下，从茶山到普洱要走很长的时间，经月往来，绝非虚言！

2. 从普洱到昆明

普洱贡茶运至普洱府后，官茶局会同当地府、道、县各级官员进行"恭选"，由茶厂具体负责将鲜茶制成成品的干茶，再从制作好的茶品里优中选优，把选好的团茶和茶膏分别用黄绸包好，放入锦缎木盒。散茶则要装入锡瓶中，最后一并装入木箱，贴好封条。然后地方官员上章，用印，并发给通关令牌。[2]普洱贡茶从普洱到昆明由地方官派弁员押送，由于云南地方偏僻，高山纵横，道路崎岖，所以云南地方运送贡茶一般都会雇用当地的马帮进行。

从普洱到昆明的路线是从宁洱县城出发，其沿途经过十六站到达省城昆明，全长九百四十里。〔附表3-4〕"普洱府在省西南九百四十里是也，按云南程限自滇阳驿至宁洱县止计程九百五十里，崎岖山路原来没有驿站，照云南定限日行四百八十里，计限一日十一时六刻，此云九百五十里者，以由他郎旧路合并故也。"[3]普洱贡茶从这条道路源源不断地运往昆明，由于人马流量的增加，原来的土路不堪重负。当地官民于道光六年开始修筑石砌五尺道，也就是按官道的标准来修，历时三十年，于道光三十六年〔1856年〕完工，这就是著名的石镶茶马古道。后来思茅地方官民将这条道路延伸至六大茶山的倚邦。石板路的修筑，大大提高了贡茶运输的效率，使普洱贡茶能以更快的速度走出茶山。

⑴ 〔清〕倪蜕：《滇云历年志》，卷二，昆明：云南人民出版社校注本，1992年。

⑵ 关于通关令牌，在郑显静《令牌——古代解送普洱贡茶的历史物证》一文中可以看见，铜制令牌全长20厘米，令牌柄首是瞪着一双大眼的虎头，令牌中间一条蛟龙游弋，中上部是回旋彩云图案，顶部是箭簇式造型。参见《中国云南普洱茶古茶山茶文化研究》，昆明：云南科技出版社，2005年。

⑶ 鄂尔泰、尹继善：《云南通志》。转引自刘文鹏：《清代驿传及其与疆域形成关系研究》，北京：中国人民大学出版社，2004年。

附表 3-4　从宁洱县到昆明的驿站路线〔递运路线〕[1]

起始站名	至下站里程〔里〕
宁洱县	45
磨黑	45
上把边	50
通关	60
瞻鲁坪	60
他郎	65
火歇厂	90
元江洲	60
青龙厂	70
杨武灞	50
罗吕乡	75
峨县	60
新兴州	60
钱炉关	60
晋宁州	50
贡县	40
省城〔昆明〕	
总计	940

资料来源：《普洱府志》。

3. 昆明到北京

普洱贡茶进入昆明后，由地方官员进行勘验，确定数量和质量都达标后，方可起运。从昆明经过长运抵达京城，"自省至京五千八百九十五里"[2]，关于运送时间，户部有明确的规定，"解员事后由部颁照，任限照正印解员引见后填给，云南限一百一十天"[3]，照这样计算，大约每天要走六十里左右。由于一年要进贡数次，地方官不得不投入大量的人力、物力来满足宫廷的需要。陆路从云南昆明的甸阳驿起程，沿途经过贵州、湖北、湖南、河南、直隶几省到达京师的皇华驿，途经将近百个驿站，全程五千九百零五里〔附表 3-5〕。普洱贡茶到达京师后，由礼部接收，然后交与广储司茶库，由茶库进行保管

[1] 光绪《普洱府志》卷十九，《艺文志》。

[2] 光绪《普洱府志》卷十九，《艺文志》。

[3] 《钦定户部则例》，页 175，海口：海南出版社，2000 年。

储藏，按照定例进行分配使用。

附表 3-5　北京至昆明驿站路线

历经省份	起始驿站	至下站里程
直隶段	京师皇华驿	70
	良乡县固节驿	70
	涿州涿鹿驿	70
	定兴县宣化驿	70
	安肃县白沟驿	50
	保定府清苑县金台驿	45
	满城县泾阳驿	45
	望城县翟城驿	60
	定州永定驿	50
	新乐县西乐驿	45
	正定县伏城驿	45
	正定县恒山驿	60
	栾城县关城驿	40
	赵州鄗城驿	60
	柏乡县槐水驿	60
	内邱县驿	60
	邢台县龙冈驿	70
	永年县临洺驿	45
	邯郸县丛台驿	70
	磁州滏阳驿	70
河南段	安阳县邺城驿	70
	汤阴县宜沟驿	60
	淇县淇门驿	50
	汲县卫源驿	50
	新乡县新中驿	60
	获嘉县亢村驿	70
	荥阳县广武驿	40
	郑州管城驿	50
	新郑县永新驿	55
	长葛县石固驿	75
	襄城县新城驿	60
	叶县噎水驿	60
	叶县保安驿	60
	裕州赭阳驿	60
	南阳博望驿	60
	南阳县宛城驿	60

	南阳县林水驿	60
	新野县湍阳驿	60
湖北段	襄阳县吕堰驿	60
	襄阳县汉江驿	100
	宜城县鄢城驿	90
	荆门州丽阳驿	60
	荆门州石桥驿	60
	荆门州荆山驿	90
	荆门州建阳驿	90
	江陵县荆南驿	70
	公安县孱陵驿	60
	公安县孙黄驿	80
湖南段	澧州顺林驿	60
	澧州兰江驿	60
	澧州清化驿	70
	武陵县大龙驿	60
	武陵县府河驿	80
	桃源县桃源驿	60
	桃源县郑家驿	60
	桃源县新店驿	60
	桃源县界亭驿	70
	沅陵县马底驿	60
	沅陵县辰阳驿	70
	沅陵县船溪驿	70
	辰溪县山塘驿	70
	芷江县怀化驿	60
	芷江县罗旧驿	60
	芷江县沅水驿	60
	芷江县便水驿	60
	芷江县晃州驿	60
贵州段	玉屏县驿	50
	青溪县驿	80
	镇远县驿	65
	施秉县偏桥驿	60
	黄平州兴隆驿	35
	黄平州重安江驿	35
	清平县清平驿	50
	平越县杨老驿	40
	平越县西阳驿	50
	贵定县新增驿	60

	龙里县驿	60
	贵筑县驿	50
	清镇县威远驿	50
	安平县平坝驿	95
	普定县普利驿	65
	镇宁州安庄驿	60
	永宁州坡贡驿	60
	永宁州郎岱驿	50
	安南县阿都田驿	45
	普安县白沙关驿	45
	普安县上寨驿	60
	普安县刘官屯驿	80
	普安厅亦资孔驿	70
云南段	平彝县多罗驿	60
	南宁县白水驿	50
	霑益州南宁驿	70
	马龙州马龙驿	80
	寻甸州易隆驿	65
	嵩明州杨林驿	60
	昆明县板桥驿	40
	昆明县甸阳驿	
自昆明至北京 5895 里，从京师皇华驿到昆明甸阳驿共计 5865 里		

资料来源：《嘉庆大清一统志》。

由于从陆路运抵京城需要的时间非常长，很多时候根本不能按时到达京城，所以许多时候会采取水路运输的措施。清代，由于云南地方的铜大量运抵京师，所以从云南到北京的水路运输非常发达，其相较于陆路更加快捷且承担的货物量更大。从云南起程以后，沿长江顺流而下，然后转到大运河，以漕运的方式将其运至京师。[①]道光年间，有学者曾经详细记述了从昆明到北

[①] 关于漕运，李志亭的定义认为："漕运是中国古代的水上运输。它是由国家经营，处于中央政府的直接控制之下，通过漕运，把征收的税粮及上供物资，或输住京师，或实储，或抵达边疆军镇，以足需要，并借此维护对全国的统治。"《中国漕运史"序言"》。此外，关于漕运的定义可参见日本学者星斌夫：《明代的漕运研究"序言"》、彭云鹤：《明清漕运史"前言"》、倪玉平：《清代漕粮海运与社会变迁》等著作。

京的运输路线[1]〔图 3-6〕，现抄录于下：

[图3-6] 自滇入京水路里程

第一，云南境内路线：起始站为昆明，行走四十里至板桥，从板桥行六十里至杨林驿，后行七十五里至易隆驿，在河口打尖，九十五里至马龙州，七十五里至沾益州，八十五里至来远铺，九十五里至宣威州，八十五里到达倘城，在石了口打尖。

第二，贵州境内路线：贵州境内的第一站是菁头铺，前行八十里抵达咸宁州，八十里达到横水塘，六十里到齐家湾，七十里到牛混塘，在野马川打尖，行五十里到山高铺，四十里到毕节县，四十里到白岩，五十里到判官脑。

第三，四川境内路线：四川的第一站是魔泥，行五十里到达永宁县，从永宁行八十里到达江门，经过二百四十里水路可达泸州，泸州到合江县路程四十里，从合江县行一百八十里到达江津县，前行一百七十里到巴县，后依次为一百八十里到达长寿县，一百八十里到喧州，一百二十里到郫都县，一百六十里到忠州，一百二十里到万县，一百八十里到云阳县，一百八十里到夔府〔奉节县〕，一百八十里到巫山县，一百八十里到巴东县。

第四，湖北境内路线：进入湖北的第一站是归州，前行九十里到达宜昌府的东湖县，经二百四十里到达宜都县，行九十里到江枝县，再行九十里到达送子县，前行六十里达到荆州府的江陵县，从荆州到石首县一百八十里，再行一百八十里到达嘉鱼县，从嘉鱼县行二百四十里到达汉阳府，从汉阳府到黄州府的黄冈县一百八十里，从黄冈县到蕲州府一百八十里。

[1] 具体参阅资料来源：道光年间佚名《自滇至京水路里程》，《西北论衡》卷七第十一期，1939 年；刘文鹏：《清代驿传及其与疆域形成关系研究》，北京：中国人民大学出版社，2004 年。

第五，江西境内路线：从蕲州府行一百八十里到达江西境内的九江府德化县，前行六十里到达湖口县，从湖口县到彭泽县六十里。

第六，江南省、安徽省境内路线〔江南省在清代为江苏、上海并包括部分浙江地区〕：第一站为池州府的东流县，其余依次为九十里到达安庆府怀宁县，九十里抵达铜陵县，九十里抵达太平府的繁昌县，九十里抵达芜湖府，九十里到达当涂县，经过一百三十里到达江宁县，六十里到达仪征县，途中经过燕子矶等处，从仪征县行七十里到达扬州府江都县，一百二十里到达高邮县，一百二十里到达宝应县，一百二十里到达淮安府的山阳县，前行九十里到达清河县，二百里到达徐州府宿迁县，一百三十里到达邳县，经河城关行二十里到达清河关，二十里到达梁山城门，二十里到皇陵庄。

第七，山东境内路线：第一站是与江南省交界的台儿庄，二十里到达侯县，八里到顿庄，七里到丁庙门，二十里到万年门，五十里到张庄，十里到琉璃门，五十里到韩庄，五十里到张阿门，二十五里到滕沛门，二十里到滕县，一百三十里到沛县，经一百三十里到达济宁州鱼台县，七十里到济宁州，八十里到巨野县，七十六里到兖州府嘉祥县，三十八里到南旺庄，行五里到达汶上县，四十三里到东平县，八十二里到张寿县，三十七里到阳谷县，二十里到东平府聊城县境内，七十里到临清州，一百四十里到武城县，一百里到故城县，一百五十里到德州，从德州行七十二里到达直隶省的东光县。

第八，直隶境内的路线：直隶境内的第一站是东光县，前行七十里到达天津府南皮县，行七十里到沧州，一百里到达青县，七十里到静海县，一百一十里到天津县，八十八里到武清县，一百四十里到通州，四十里到北京的东便门。

第四章 清宫贡茶的管理及使用机构

茶叶是一种季节性生产且自身含水量较低的产品。由于茶叶本身干燥，含水量很低，因而具有强烈的吸湿性。当吸收空气中的水分超过 10% 时，就会影响茶叶的质量，超过 12% 时，茶叶就会长软毛，减退茶叶的色香味，并导致霉变的发生。另外，茶叶长时间放置容易导致其中的单宁和茶素氧化，从而使茶汤变得浑浊发暗，缺乏刺激性，降低对神经的兴奋作用，而且茶叶的香味也会慢慢散失。茶叶中含有高分子的棕榈酸和萜类化合物，非常容易吸收其他气味。由于这些特性，所以必须密封放置，妥善保管。古人很早就认识到了这个问题，"茶之味清而易移，藏法喜温燥而恶冷湿，喜清凉而恶蒸窨，宜清独而忌香臭，藏用火焙不可晒，入瓷瓶密封口，毋令润气得浸又勿令泄气安顿，须在坐卧之处逼近人气，则常温必在板房，若土室则易蒸，又要透风。若幽隐之处，尤易蒸湿，兼恐有失点检，世人多用竹器贮茶置背笼中。"[1] 通过竹器盛茶，可以保持茶叶的干爽和香气，能比较持久的存放。

贡茶作为地方进贡皇家的特产受到历代帝王的喜好，各王朝均设专门的机构管理贡茶，由于茶叶本身对保藏的要求相对较高，因此历代帝王均十分重视。唐代设立"茶舍"和"贡茶院"。宋代在建安设立北苑贡茶园。元代设"焙局〔御茶园〕"。明代，由户部的供应库专门负责贡茶的管理，《大明会典》记载："凡浙江、湖广、四川、福建、江西、广东、山东、河南等布政司，直隶、苏、松、常、镇、宁、太、庐凤、淮阳等府岁解黄白腊、芽叶茶，并苏、松、常三府解到白熟糙米，均置其内。"[2]

清代，贡茶运到京城后，土贡茶由礼部接收，然后会进入内务府广储司的茶库，由茶库进行保管、分配。不定期的贡茶则直接进入皇帝的御用茶房，包括清茶房和奶茶房，由皇帝直接控制使用。除了茶房、茶库外，清宫内御茶膳房也是一个重要的茶机构。这三个机构构成了清宫茶叶管理、使用，以及最后处理的一个控制网络，保证了宫廷饮茶的质量和有序性。

[1]〔明〕王象晋：《二如亭群芳谱·茶谱》，清康熙刻本，收《故宫珍本丛刊》，海口：海南出版社，2000 年。
[2]〔明〕李东阳等撰、申行时等重修：《大明会典》，扬州：江苏广陵古籍刻印社，1989 年。

第一节　茶库

1.茶库的沿革

茶库〔图4-1〕在右翼门内西配房，太和门内西偏南向配房，中左门内东偏配房〔图4-2〕。隶属于内务府广储司。[1]除了广储司下属的茶库外，清朝后期在天穹宝殿附近还有一所茶库，两跨院，正房五间，各有配房两间，此茶库属于内库下属的库房，其保管的茶叶专门供应后宫所用。

清宫对茶库的内部管理经历了数次变更，从时间上可分为早期、中期和后期三个阶段，也是茶库由设立到最终完善的过程。《钦定总管内务府现行则例》记载："广储司职掌库藏出纳等事，初名御用监。顺治十八年分为银库、皮库、缎库、衣库，设郎中三员，员外郎八员，笔帖式八员，每库各设库使

[图4-1] 茶库及偏房

[1] 按：《国朝宫史续编》有：茶库在太和门内迤西，隶内务府管理。乾隆十四年移藏历代帝、后图像于南薰殿，其历代功臣像仍弃斯库，为轴二十有一，为册三。见《清宫述闻》，页147，北京：紫禁城出版社，1990年。

[图4-2] 茶库及偏房

十名。……康熙二十八年十二月议覆奏准分设瓷库、茶库，各添设员外郎二员，司库二员，库使十五名，将磁库令管理银库、皮库之郎中管理，茶库令管理缎库、衣裤之郎中管理，添设笔帖式六员。"[1]嘉庆时，"茶库，员外郎三人〔内一人由兵部保送兼摄〕，司库四人，副司库二人，库使十有三人"[2]。"茶库，令管理缎库、衣库之郎中管理，增设笔帖式六人，管辖匠役之催总六人，无品级催总四人。"[3]光绪时，"茶库设员外郎二人，六品司库二人"[4]。与早期相比较，中期增加了部分管理人员，包括一名员外郎、两名司库和四名催总，而后期则又恢复成早期的人员配制。

[1]《钦定总管内务府现行则例》，页348，海口：海南出版社，2000年。
[2]　嘉庆朝《钦定大清会典》，卷七三。
[3]　嘉庆朝《钦定大清会典事例》，卷八八五。
[4]　光绪朝《钦定大清会典事例》，卷二一。

为加强对茶库的管理,清内务府对茶库在制度上进行严格规定。"广储司有总管六库郎中二员,凡六库事务该员据的考覆稽查,其责甚重,请令六部拣选精明强干郎中各一员咨送内务府带领引。"[1]"平时有一定的具体时间开库收发,如果急需,不能等到规定时间,必须报知堂郎中方准开库,开库时必须有库官两三人,不准一人开库。闭库时由库官两人共同签划锁封,粘于锁上。"[2]但时间日久,积弊自然发生,为改变这种状况,康熙三十五年〔1796年〕,"奉旨据总管内务府大臣等奏,留兼摄茶库之兵部员外郎五十三仍兼办理库务等语,所奏不可行,前令六部选派诚干司员兼摄六库,彼相牵制,若令久于其任,则不但不能纠察,专恐连为一气,殊非派员之本意。嗣后六部人员兼管六库者并定限三年更换一次,其有陞任等事,总管内务府大臣概不准奏留,为令钦此"[3]。通过这一系列的措施,使得茶库的运转更加有序,能更好地服务于宫廷。清宫对茶库的规范化管理,提高了其运转的效率,增强了库房的安全性。

2. 茶库的职掌

〔1〕收贮物品。茶库最主要的职能便是收贮相关的物品,《大清会典》记载:"茶库,康熙二十八年奏准,于裘、缎二库内分设,管收贡茶、人参、金线、绒丝、纸张、香等物。"[4]《钦定内务府现行则例》中记载:"茶库专司收存人参、茶叶、香纸、绒线、纰缨、颜料等项。"[5]可见,收贮这些物品是茶库主要的职能所在。"雍正元年奏准,三旗银庄所属壮丁岁输水靛六千二百斤,茶库验收。"[6]"计司所属关内粮庄,每丁岁输红花八两,茶库验收。"[7]除此之外,诸如"银作需用硼砂、宝砂、盐碱、乌梅、白芨、松香、火硝碱、黑白矾、茶叶、广胶、法郎料、檀香、牛金叶、纸张,熟皮作需用做灯用颜料及

⑴《钦定总管内务府现行则例》,页 350,海口:海南出版社,2000 年。
⑵ 张德泽:《清代国家机关考略》,页 176,北京:中国人民大学出版社,1981 年。
⑶《钦定总管内务府现行则例》,页 350,海口:海南出版社,2000 年。
⑷ 雍正朝《大清会典》,卷二二七。
⑸《钦定总管内务府现行则例》,页 352,海口:海南出版社,2000 年。
⑹ 嘉庆朝《钦定大清会典事例》,卷九九〇。
⑺ 嘉庆朝《钦定大清会典事例》,卷九九〇。

飞金广胶、贴金油纸张、丝线、绒环、各色琉璃珠、皂角、白矾、鹿茸草、牛金叶、皮硝……俱向茶库领用"[1]。可见,当时茶库收贮的物品种类是非常多的,茶叶是其中重要的一项。

〔2〕皇帝出巡时携物扈从。清代,"凡遇皇上谒陵及巡行各处与本司六库员外郎内除派员司库一员,笔帖式一员,库使十二名带领裁缝十名,毛毛匠一名,随往所用账房,四架移咨武备院领取护送什物"[2]。因此,茶库除了日常收存茶叶等物之外,还肩负着类似出巡活动中护送什物的职责。如乾隆三十六年〔1771 年〕皇上巡行热河,茶库给乾隆预备下:六安茶六袋,黄茶二百包,散茶五十斤,丝线一斤,棉线一斤,紫降香一斤,泡速香一斤,小攒香一斤,宫香饼一斤,沉香一斤,降香一斤,白檀香一斤,白芸香一斤,黑芸香一斤,吉祥草十根,油高丽纸四十张,油呈文纸六十张,油毛头纸二百张,高丽纸四十张,京高纸一百五十张,毛头纸六百张,竹料连四纸七百张,草纸二百张。[3] 由此可以看出,茶库在皇帝日常生活中具有重要的作用。

〔3〕承做各类临时性活计。除了日常的管理和随行扈从外,茶库还要承担一些相关的临时性活计,如供花的制作等。"康熙二十八年,奏准内廷各宫殿寺庙供花,尚膳燕花均按定例由茶库照数承办。"[4]"每年秋季,体仁阁恭晾圣像,每次用清水连四纸、辟毒香、潮脑等物由茶库备办。"[5]

3. 茶库内部陈设

根据《陈设档》和《故宫物品点查报告》的记载,我们能比较清楚地了解到茶库内部陈设。[6]

首先,数量最大的是各类与饮茶相关的茶具,包括各类茶碗、茶盅、茶壶、茶杯、执壶、茶炉、玉盘、珐琅爵和各类碗、碟等,在《故宫物品点查报告·茶库》总共三百七十八条记载中,大约有二百条,占据大绝大部分。

[1] 章乃炜等编:《清宫述闻》,页 147,北京:紫禁城出版社,1990 年。

[2] 章乃炜等编:《续清宫述闻》,页 363,北京:北京古籍出版社,1981 年。

[3] 《钦定总管内务府现行则例》,页 363,海口:海南出版社,2000 年。

[4] 乾隆朝《钦定大清会则例》,卷一五九。

[5] 嘉庆朝《钦定大清会典事例》,卷九〇〇。

[6] 此处所引用内容均来自《故宫物品点查报告》第二编,册六,茶库部分。

其次，是各类存储茶叶的容器，包括木箱、木匣、木格、各种木柜、茶桶、茶篓、茶瓶木座和抬茶叶用的藤筐等，在这些器具中，大部分都装有大小不一的茶叶罐，包括锡罐和瓷罐。除了存储容器外，还有若干各类八仙桌、小桌、条桌等配套设施。此类的记载大约有四十余条。

再次，是各类成品茶叶，包括安远茶、六安茶、阳羡茶、莲心花茶、红茶、普洱茶、人参茶膏、通山茶、名山茶、蒙茶、珠兰茶、小种花香茶、功夫花香茶、各类茶砖和无名茶叶若干。此类记载大约有三十余条。〔见第二章附表〕

最后，茶库还存放有若干香炉、香料、各类盆具和一些必需用品以及一些葡萄干、扁豆、莲子等食品。

从茶库内部建筑的结构和陈设来看，在早期都是作为一种存储茶叶、香料等比较容易变质的物品而设置的综合性库房。由于贡茶数量的逐年上升，茶库逐渐变成以存储、保管茶叶为主的专用库房，在内部的设置和管理上也逐渐向单一的茶叶方面转变。此外，茶库中大量饮茶器具的出现，是否表明茶库在某一特定时段部分承担了茶房的职能，现有的材料尚无法确认，需进一步考察。

第二节　茶房

1. 茶房沿革

清宫的茶房有御茶房、清茶房、奶茶房、皇后茶房、皇子茶房及各宫殿的茶房等，其职能和内部陈设也根据使用者不同而异。

御茶房，又称尚茶房或上茶房，是皇帝的专用茶房。御茶房的具体位置有两处。第一处：坤宁宫西庑，连门共 26 间，庑房前檐装修为步步锦、方格等，后檐为半封护檐。御茶房位于隆福门北，3 间，东与寿膳房相对。中一间开风门，步步锦格心，左右各支一摘窗，两次间为支摘窗，上为方格支窗，下为玻璃方窗，共八扇。[1]第二处：乾清宫东庑，庑房为连檐通脊，附黄琉璃瓦，坐落在 1.1 米高的台基上，前檐出廊，后檐为半封护檐墙，旋子彩

① 北京市地方志编纂委员会编：《故宫志》，页 63，北京：北京出版社，2005 年。

[图4-3] 御茶房

画，北起三间为御茶房，圣祖仁皇帝御笔匾"御茶房"〔图 4-3〕，专司上用茗饮、果品及各处供献节令宴席。[1]

御茶房由茶房管理总大臣管理，无定额，特旨简派。雍正元年〔1723年〕，授御茶房总领二等侍卫、蓝翎侍卫，此外主事、尚茶正、尚茶副等俱授侍卫。据《国朝宫史》记载：御茶房首领七名，内七品执守侍三名，每月银五两，米五斛，公费银一两。八品侍监四名，每月银四两，米四斛，公费银七钱三分二厘。太监四十五名，内十名每月银三两，米三斛。二十名每月银二两五钱，米二斛半。十五名每月银二两，米一斛半。公费银俱六钱六分六厘。[2]从掌管茶房的太监俸禄上看，御茶房在清宫中的地位还是比较高的，待遇相对也比较好。[3]

御茶房而外，清宫还有皇后茶房、皇太后茶房〔图 4-4〕、皇子茶房，皇子、皇孙娶福晋后，亦有茶房。清代，随着不同时期皇子的数量及皇子成婚前后的变化，其茶房的数量和地点也各异。清代前期，宫廷子嗣较为旺盛，

[1] 北京市地方志编纂委员会编：《故宫志》，页 56，北京：北京出版社，2005 年。

[2] 参见〔清〕鄂尔泰、张廷玉等编纂《国朝宫史》，卷二一，北京：北京古籍出版社，1994 年。

[3] 关于茶房首领品级，可见《大清会典》卷八九。御茶房一等侍卫尚茶正，正三品；御茶房二等侍卫尚茶正，正四品；各陵尚茶正，从四品；御茶房三等侍卫尚茶，尚茶副，正五品；御茶房蓝翎侍卫尚茶，正六品。可见，茶房首领的地位是非常高的，也表明茶房在宫廷生活中占有重要的地位。

皇子众多，相应地，茶房数量也非常多，且这些皇子在成婚后都会有自己的茶房。清代，皇子、皇孙一直生活在紫禁城或御园内，直到皇帝赐给他们府邸另立门户。倒是 19 世纪，甚至很多已成婚的有爵位的皇子仍与妻子儿女住在皇宫达数年之久。[1] 不论在内廷还是王府，皇子都配有专门的茶房使用，如康熙三十七年六月，"多罗直郡王之茶房用卤三斤十二两，多罗诚郡王之茶房用卤三斤十二两，四贝勒茶房用卤三斤十二两，五贝勒茶

[图4-4] 皇太后茶房的檀香木 "长春宫寿茶房" 章

房用卤三斤十二两"[2]。这些皇子成婚后，其福晋等人也会有专门的茶房。清代中后期，内廷皇室子嗣稀少，相应的皇子、福晋的茶房数量也较少。除了数量上的变化外，茶房也会随着使用者身份的变化而发生位置的变化，如弘历成婚前，住在乾清宫东南的毓庆宫，其所用茶房即在毓庆宫，成婚后登基之前，一直住在乾清宫西边的西二所内，茶房相应也搬入其内。乾隆四十七年〔1782 年〕规定："著将内右门内所有外茶房即行挪出。当日，外茶房归并于景运门外茶房办造。"还有一些皇子成婚后搬出内廷，其茶房也相应地随着搬入新府邸。"所用分例、银器、铜锡器皿，封王出府，例得带往。至茶房管理总大臣无定额，特旨简派。雍正元年奉旨：总领授为二等侍卫、蓝翎侍卫，此外有主事，有尚茶正、尚茶副，正副具系侍卫。"由此可见，清前期宫廷皇子茶房较多，后期则较少，且茶房的数量和位置是随着皇子的数量、年龄及身份的改变而发生变化的。

[1] 如弘历、颙琰、旻宁和奕詝四位皇帝在登基之前就从未搬出皇宫。参阅 [美] 罗友枝：《清代宫廷社会史》，页 138，北京：中国人民大学出版社，2009 年。

[2] 《尚之杰等位宫廷用项开支银两的本》，康熙三十七年六月初三日。见辽宁社会科学院历史研究所等编：《清代内阁大库散佚满文档案选编》，页 238，天津：天津古籍出版社，1991 年。

2. 茶房职掌

御茶房主要掌管皇帝日常饮茶、烹饮奶茶、日常饮用水的运送、保存以及制作一些相关的点心等物品。

〔1〕负责皇帝及后妃们日常饮茶。《国朝宫史》载："御茶房司上用茗饮、果品及各处供献节令宴席。"皇帝及后妃们日常饮茶主要是由御茶房负责,精选的御贡茶直接进入皇帝的御茶房。宫廷的生活需求庞大,故对御茶房的工作要求也相应的较高,每天从玉泉山上取水的车子最早进入京城也就成了一种定例。[1]同时,旗俗尚奶茶,每日供御应用及各主位应用乳牛,取乳交上茶房、茶膳房。[2]"康熙年间,定太皇太后、皇太后用乳牛各二十四,皇帝、皇后共享乳牛一百,皇贵妃用乳牛七,贵妃用乳牛六,妃用乳牛五,嫔用乳牛四,贵人用乳牛二,皇子、福晋用乳牛十,均每牛取乳二斤交送尚茶房。"[3]到嘉庆时,"茶房恭备分例,御前乳茶例用乳牛六十头,每日泉水十二罐,乳油一斤,茶叶七十五包。皇后例用乳牛二十五头,每日泉水十二罐,茶叶十包。贵妃例用乳牛四头,妃例用乳牛三头,嫔例用乳牛二头。贵人、常在等位应用乳牛于各分例内随用,俱每日茶叶五包。皇子、皇子福晋例用乳牛八头,又每日茶叶八包,凡乳牛一头,每日交乳二斤。"[4]从记载中我们可以看出,作为清代满族统治的特点,奶茶在宫廷生活中占有重要的地位,这不但承袭了满族祖先的传统,而且还推陈出新,使得奶茶制造工艺得到不断提升。

〔2〕预备各类典礼用茶。茶房不仅要负责宫中日常的饮茶活动,还要负责宫廷的各类筵宴、典礼等活动中的御茶房款银盘〔图4-5〕。如皇帝赐大臣茶,"丹陛上所赐茶,内茶房供办"[5]。"皇帝御殿日,据礼部来文移付,尚茶房备茶四十筩,左右翼各二十筩,按大臣官员坐次分赐。"[6]"八年,奏准嗣后恭遇皇帝御殿日,文武大臣官员赐茶,据礼部来文,尚茶房每旗备茶一桶共为

---

[1] 《养吉斋丛录》记载:"玉泉山水最轻,向来尚茶日取水于此,内管领司其事。"

[2] 《钦定总管内务府现行则例》,页380,海口:海南出版社,2000年。

[3] 乾隆朝《钦定大清会典则例》卷一六五。

[4] 嘉庆朝《钦定大清会典事例》卷九一〇。

[5] 雍正朝《大清会典》卷一七〇。

[6] 乾隆朝《钦定大清会典则例》卷一六二。

[图4-5] 御茶房款银盘

八桶,如有外藩来使多备一桶。"⑴"每逢祭祀,令茶房头目并茶房人,往圈内同陵上礼部官员共看取乳,敬谨送至茶房。"⑵从上述材料中我们可以发现,茶房所备的茶,主要用于宴会饮用和赏赐,这种典礼用茶的数量较大,需各个茶房协同准备。

〔3〕预备各类时令小吃。虽然茶房主要供应饮品,但一些宫廷小吃也是由茶房准备。"皇上前做奶子粽子、月饼、花糕,用奶子一百斤。……寿康宫茶房做成粽子、月饼、花糕、寿桃,每品各用奶子一百斤。保和殿筵宴赏赐蒙古王公等,茶用奶子五十斤。皇上、皇后前做小吃、鱼儿饽饽,每日用奶子一百斤,上传小吃,每品需用奶子一百斤。"⑶除了饮茶和制作小吃外,御茶房还会临时存放一些时令水果供皇帝日常享用,"贡果,例交御茶房备赏用或赏赐"⑷,如"乾隆三十一年,叶尔羌贡葡萄干二百斤,喀什噶尔贡葡萄干二百斤,奉旨交御茶房"。再如"滦州庄头每年例采办恭进波梨一千个,交御茶房保鲜"⑸。从档案记载中我们可以看出,清宫茶房需准备大量奶制品及相关的各类小吃等,这是由满族的民族特性所决定的。同时,茶房还会被作为一种临时存放少量鲜果的库房使用。

3.清茶房

清茶房作为清宫茶房的一类,与一般意义上的茶房有所区别,故在此单

⑴ 乾隆朝《钦定大清会典则例》卷一六二。

⑵ 雍正朝《大清会典》,卷一一〇。

⑶ 《钦定总管内务府现行则例》,页382,海口:海南出版社,2000年。

⑷ 章乃炜等编:《清宫述闻》,页427,北京:紫禁城出版社,2009年。

⑸ 中国第一历史档案馆:《奏销档705-171,奏为滦州庄头李延芝恭进波梨折,同治三年十月初一日》。

独介绍。据《钦定内务府则例二种》记载，清茶房内部陈设有"应用银驮壶一分，银火壶一把，银柿壶三把，银卤吊三个，锡柿壶四把，锡小柿壶二把，锡座壶二把，锡双陆马壶四把，锡盆六个，锡水缸一口，红铜舀子一把……皇后清茶房有银驮壶一分，银柿壶二把，银卤吊三个，锡座壶二把，锡面汤壶四把，锡莲子壶六把，锡盆四个，红铜舀子一把……"[1]从清茶房的内部布置来看，虽然不是以供饮茶为主要工作，但仍可以供应少量的茶水。

清茶房虽然只负责少量人的饮茶，但其内部存放的茶叶数量是非常多的，"其应分王公茶斤于清茶房交出之普洱茶等一千七百十斤，内动用一千二百六十斤分给等因，奏准在案又差的现今内庭清茶房及各寺庙等处每月需用六安芽茶三十余袋，合计每年需用六安芽茶四百余袋不等，但每年所进六安芽茶仅有四百袋，以前不敷应用茶斤，自有库存清茶房交出之普洱茶等茶四百余斤，是以足用"[2]。由此可见，清茶房还兼具有部分茶库的功能。

除了饮茶，清茶房实际上主要负责宫廷内用新鲜水果，"皇上前所进果品，俱据清茶房传送"[3]，如"果园交纳果品，备内廷清茶房及各处供献并桌张等项应用，盛京将军赍到香水梨一千个，由掌仪司奏请，交清茶房。甘肃提督赍到哈密瓜六十个，由理藩院转报奏请，交清茶房"。

总的来看，清茶房主要的执掌一是供应少量的茶水，这从其内部的陈设中可以看出。二是存储部分的茶叶，如清茶房交出普洱茶一千七百十斤，说明其保管的茶叶数量还是比较大的。三是负责时令鲜果的收贮、传送等，这也是其最主要的功用。

从日常生活来看，饮茶时需要吃一些水果和小点心，准备点心的地方也在茶房，所以有时这些以茶命名的建筑，并不单单为烹茶而设，而是变成了综合性的小型操作间。[4]自乾隆二十年起，每届十年，钦派王大臣等，将清茶房、茶房等处金银器皿，公同查验数目，将不堪应用者，奏明交广储司银库，依原式打造。清宫不仅重视茶房的建设，对旧茶房的维护方面也不遗余

[1] 故宫博物院编：《钦定内务府则例二种》，页366，海口：海南出版社，2000年。

[2] 中国第一历史档案馆：《奏销档204-195：奏请每年额解六安茶四百袋折，乾隆六年五月十七日》。

[3] 故宫博物院编：《钦定内务府现行则例》页380，海口：海南出版社，2000年。

[4] 刘宝建：《国不可一日无君 君不可一日无茶——清宫的茶库、茶房与宫廷饮茶文化》，《紫禁城》，2008年第7期。

[图4-6] 御茶膳房

力，以使其能发挥最大作用。乾隆五十七年，圆明园内"奶茶房内后正房一座五间，拆瓦头停，挑换椽子，满换找椽、望板、博逢板、连檐、瓦口，粘补装修，拆安街条，拆砌山墙、栏墙"这些措施的实施，使得茶房建筑更加稳固，在功能上更趋于完备。

第三节　御茶膳房

御茶膳房〔图4-6〕在中和殿东围房内。乾隆十三年〔1648年〕，以箭亭东外库改为御茶膳房，门东向，门内迤北，东西黄琉璃瓦房八楹，西南黄琉璃瓦房十有二楹，有南北瓦房九楹。[①]

御茶膳房专司宫中各处贡品、帝后御用及赏赐用茶膳，隶属内务府。其具体位置旧在保和殿东庑，清乾隆十三年移至景运门外箭亭东，有外库房28间。《内务府册》记载："乾隆十三年，以箭亭东外库改为御茶膳房，门东向。

---

① 章乃炜等编：《清宫述闻》，页48，北京：紫禁城出版社，1990年。

[图4-7] 铜直把纽"总管御饭房茶房之图记"

门内迤北，东、西黄琉璃瓦房八楹，西南黄琉璃瓦房十有二楹，有南北瓦房九楹。"现存西侧黄琉璃瓦大房 2 座，余皆不存。顺治初年，分设茶房、饭房于中和殿东庑房内。乾隆十三年，设立总管大臣，合并御茶膳房，迁入后址。

御茶膳房设管理事务大臣〔图4-7〕，下设尚茶正、尚茶付、尚茶及主事等共三十余人，掌宫内备办饮食及典礼等各种筵宴酒席，"御茶膳房，初制，茶房设总领三人，承应长四人，并清茶房承应长四人。二十四年奏准，茶房增设笔帖式二人"[1]。茶房下有银器库。御茶膳房设总管三员，俱七品执守侍。每月银五两，米五斛，公费银一两。首领十名，俱八品侍监，每月银四两，米四斛，公费银七钱三分三厘。太监一百名，内二十名每月银三两，米三斛；二十名每月银二两五钱，米二斛半；六十名每月银二两，米一斛半，公费银俱六钱六分六厘。[2]

相较于御茶房等专门的饮茶机构而言，御茶膳房的机构更加庞大，人员更多，其执掌的事务更加庞杂，对茶叶的管理只是其中的一个方面。御茶膳房作为专门掌管置办内廷饮食及典礼筵宴的机构，在宫廷中有重要的地位。如《清宫述闻》记载："御茶膳房，光绪二十七年，收到科尔沁等处蒙古王公旗下四等台吉等进汤羊五百只。并补进光绪二十六年分，汤羊五百只。"[3]除了日常的生活必需品之外，御茶膳房还掌管保存一些宫中饮食用品[4]，御茶膳房

[1]　嘉庆朝《钦定大清会典事例》，卷八八六。

[2]　〔清〕鄂尔泰、张廷玉等编：《国朝宫史》，卷二一，北京：北京古籍出版社，1994 年。

[3]　《总管内务府折》，光绪二十八年九月。

[4]　光绪二十九年十二月总管内务府奏折：清宫的狍鹿、黄羊、鸡、鱼、饼、面、干果、果粉、蘑菇、木耳、石耳、茶茹、笋、南小菜在内。每年由御茶膳房奏明交出的狍鹿等物，分赏王公、大臣、满汉军机、章京、画工人等。从此，我们可以看到，御茶膳房所掌管的都是日常生活所必需的食物，是与宫廷生活最为相关的一个部门。

内的茶房掌管部分清宫饮茶活动，内部"旧有炉灶四座"[1]，清宫对各个茶叶机构的规范化管理，增强了其运转的效率和库房的安全性，较之前代有了很大的进步。

从上述论述中我们可以发现，清代的茶库、各类茶房和御茶膳房，作为清宫负责保管与使用贡茶的机构，不论是从机构设置还是管理制度方面都较前代更为完备。具体表现在以下几个方面：

第一，几个管理机构的职能更加细化，且相互间又有重叠。清代的茶库相较于明代收贮贡茶的户部供应库，分工更为细化。从茶房来说，既有负责皇帝日用饮茶的御茶房，也有各个皇子、后妃等人的专门茶房。在茶库和茶房职能细化的同时，又有相互交叉。如茶库存放大量饮茶的器具，很可能承担了部分茶房的作用，而茶房则会收贮一些茶叶，又具有部分茶库的功能。

第二，机构设置和管理制度更为完备。清代对茶库、茶房等机构的管理较之前代更为完备，从机构的设置，相关人员的配备都非常完善，并根据实际情况的变化进行适当调整，如清宫对茶库的管理就历经数次变更。在完善机构设置的基础上，清宫颁布了相应的管理制度，这些完备的制度保证了这些机构运转的高效率和安全性。

第三，清宫用茶机构中体现出了明显的民族特色。作为统治民族，满族的生活习惯在清宫茶房中体现得特别明显，如奶茶的熬制、奶制品的制作等。

第四，清宫用茶机构具有流动性。由于清代政治的多中心化，在各类皇宫生活区、园囿生活区、皇陵[2]等地都设有专门的司茶建筑，这类建筑的地理位置具有流动性，尤其在生活区，是随主人寝宫和执掌朝政的殿堂的变动而变化的。茶库、茶房、茶膳房已经成为清宫生活中不可缺少的组成部分。其茶建筑与明代相比，在数量上和典章制度上都远远超出，达到了非常完善的程度。

---

[1] 中国第一历史档案馆藏：《内务府呈稿嘉营，为修理御茶膳房炉灶坑铺等项所用银两事，嘉庆三年十二月二十八日丁巳》。

[2] 如嘉庆十八年，整修孝陵茶房，见中国第一历史档案馆编：《嘉庆帝起居注》，册17，桂林：广西师范大学出版社，2006年。再如光绪时整修昭陵茶房，见《清代起居注册·光绪朝》，册3，台湾联合报文化基金会国学文献馆，1987年。

第五章　清代贡茶的使用

清代，贡茶大量用于宫廷日常生活，不仅作为生活中必备的饮品，同时还被用在祭祀、医药、赏赐等方面。在饮用方面不仅有宫廷人员的日常饮用，在各种大型的节日活动场合也会有各类茶宴活动。因茶叶本身具有的物理属性，清宫十分重视茶叶的药用作用。同时，茶叶作为圣洁之物，也被当做供品在各类祭祀场合使用。清代皇帝在各种场合赏赐臣下、外藩及外国使臣时，赏赐品中几乎每次都会有一定数量的茶叶。由此可见，贡茶在清宫中的用途非常广泛，是清宫生活中必不可少的生活必需品之一。

第一节　饮用

茶叶的主要功能就是饮用。清代宫廷饮茶主要可分为日常饮茶和宴会饮茶两个方面，日常饮茶指包括皇帝、后妃在内的宫廷人员的日常饮茶活动〔图 5-1〕，宴会饮茶则是指在重大的节日场合或各类宴会上的饮茶活动。

1. 日常饮用

作为一种饮品，茶叶最主要的功能就是饮用。从档案记载来看，清代宫廷各个时期所饮茶的种类有所不同，如康熙时，"太皇太后、皇太后一月饮用苍溪、伯元茶二斤八两"[1]。在相关档案中，我们可以发现，康熙时清宫中大量使用苍溪茶和伯元茶，而这些茶很多都是派人购买的，这说明当时的贡茶体系尚不完备，贡茶品种及数量都较为有限。随着清朝政局的稳定及国力的强盛，清宫饮茶的品种也更为丰富，以嘉庆和光绪时皇帝每日用的普洱茶和锅焙茶为例来看：嘉庆时，"嘉庆二十五年二月初一日起至七月二十五日止，仁宗睿皇帝每日用普洱茶三两，一月用五斤十二两。随园每日添用一两，共用三十四斤。皇太后每日用普洱茶一两，一月用一斤十四两，一年用二十二斤八两。七月十五日起至道光元年正月三十日，万岁爷每日用普洱茶四两，一月用七斤八两，随园每日添用一两，共用四十七斤五两。嘉庆二十五年八月二十三日至道光元年正月三十日止，皇后每日用普洱茶

---

[1] 辽宁社会科学院历史研究所等编：《清代内阁大库散佚满文档案选编》，天津：天津古籍出版社，1991 年。

[图5-2] 《清人画胤禛妃行乐图轴》

[图5-1] 帝、后饮茶活动中所用的
"事简茶香"青田石章

一两，一月用一斤十四两，共用九斤十二两"[1]。光绪时，"光绪二十六年二月
初一日起至二十八年二月初一日止，皇上用普洱茶每日用一两五钱，一个月共
用二斤十三两，一年共用普洱茶三十六斤九两。用锅焙茶每日用一两五钱，一
个月共用二斤十三两，一年共用锅焙茶三十六斤九两"[2]。除了这几种茶叶之外，
还有其他大量的各类茶叶供皇帝及后妃使用，《国朝宫史》中有后妃〔图 5-2〕
日用茶的规定："皇贵妃：每月六安茶十四两，天池茶八两。贵妃：每月六安

[1] 中国第一历史档案馆藏：《宫中杂件》卷号四，第 2088 包，物品类·食品茶叶。

[2] 中国第一历史档案馆藏：《宫中杂件》卷号四，第 2088 包，物品·类食品茶叶。

茶十四两，天池茶八两。妃：每月六安茶十四两，天池茶八两。嫔：每月六安茶十四两，天池茶八两。贵人：每月六安茶七两，天池茶四两。"[1]除了皇帝、后妃之外，宫内其他人等也会占有一定的茶叶份例，这些茶叶也会通过例份茶的形式发放。

除了直接冲泡的饮茶方法外，清宫的饮茶习俗中最具特点是奶茶的饮用。据清宫钦定总管内务府则例规定，从皇上至皇子，每人每日供应调制奶茶〔包括作点心等食用〕均有奶牛头数份例：皇上每日乳牛一百头，皇太后二十四头，皇后二十五头，皇贵妃六头，贵妃四头，妃三头，嫔二头，阿哥〔皇子、皇孙〕娶福晋后八头。18世纪初，康熙皇帝创制了用七十五头奶牛轮流为御茶房供应牛奶的制度，[2]皇帝南巡时也都带着数量不等的奶牛和奶羊，[3]以便能喝到新鲜的奶。每日供应的牛乳，按量交上茶房与茶膳房。清宫中奶茶的配制是相同的，[4]其原料由广禄寺统一提供〔按：一小桶奶茶所需的原料：牛乳三斤半，黄茶二两，乳油二钱，青盐一两〕。奶茶中主料的奶制品的添加与辅料的搭配，是影响味道与营养程度的关键。因此，宫内奶茶在这方面的配料也是花样翻新。炒面奶茶，即奶茶中加入炒面而成；瓜子奶茶，即加瓜子；黑红茶，即奶加入糊状的奶皮子调制而成；红奶茶，是用黑红茶与奶调制而成；还有用黑红茶、奶，放入奶皮子调入而成的奶茶。主料奶制品中的奶油，亦名酥油，是由奶皮子加工而成，具有很高的营养价值；奶皮子是奶煮沸后凝固在最上的一层薄脂肪，经风干而成，它是奶中的精华之一。而将辅料中的瓜子、芝麻等加入奶茶，则有助口感提香与增加营养。宫内的奶茶，有好的配方，再加上玉泉山水，但还是需一定水准的熬茶技艺，方能得到正宗的奶茶。为此，光禄寺备有11名蒙古熬茶人，主要承接朝廷筵宴用奶茶的熬制。而帝、后等人日饮奶茶，多在御茶房、茶房中加工，或由自定加工处，如晚期慈禧饮的奶茶，"奶茶不由御茶房供应，由储秀宫的小茶炉供

⑴〔清〕鄂尔泰、张廷玉等编：《国朝宫史》卷三七，"日用"，北京：北京古籍出版社，1994年。

⑵ 中国第一历史档案馆：《奏案05-0043-003：奏为皇上出哨照例预备奶牛，乾隆六年五月十七日》。

⑶ 中国第一历史档案馆：《奏销档379-067-2：奏为皇帝南巡备办沿途所用乳牛羊只等事折，乾隆四十八年十一月二十四日》。

⑷ 康熙五十八年，茶房总领曹欣因将皇帝和皇子的奶茶做成两样而受到罚俸一年、官降三级的处分。

应。一来近，二来章太监干净可靠"[1]。

特别值得一提的是清宫对烹茶之水的要求非常高。乾隆皇帝认为，"水以最轻为佳"〔图5-3〕，并特制银斗以较之，测定的结果是："京师玉泉之水，斗重一两；塞上伊逊之水，亦斗重一两；济南珍珠泉，斗重一两二厘；扬子金山泉，斗重一两三厘。"乾隆皇帝遂撰《玉泉山天下第一泉记》一文，提出烹茶的泉水以"玉泉山天

[图5-3] "在山泉水清"石章

下第一，则金山为第二，惠山为第三"的论断。在《养吉斋丛录》中有"玉泉山之水最轻，向来尚膳、尚茶日取水于此，内管领司其事"[2]的记载。清宫以玉泉山之水烹茶的传统也一直延续下来，直至清朝灭亡。

2. 宴会饮用

另外我们从《大清会典》中也可以看到，清宫用茶的数量是非常大的，特别是在各类大型的节日活动中。

〔1〕各类节日：顺治十年题准，元旦日，亲王世子郡王各进御前筵席牲酒，外藩蒙古王、贝勒等各进御前牲酒……上升太和殿，做中和乐。上进茶，王以下各官及朝贡各官俱一跪一叩头，候进。〔与元旦相同，冬至、万寿节等亦如此〕[3]

〔2〕常朝：崇德间，定每月初五、十五、二十五日常朝，遇上升殿，王以下，公以上，在陛上坐，赐内府茶，各官在丹墀内坐，赐光禄寺茶。[4]

〔3〕凯旋：顺治十三年题准，凡明王、贝勒、贝子、公、大臣为将军出师，凯旋日，光禄寺备办茶酒迎接。[5]清代军队出征和凯旋时皇帝都会赐

[1] 金易、沈义羚：《宫女谈往录》，页12，北京：紫禁城出版社，2001年。

[2] 〔清〕吴振棫撰、童正伦点校：《养吉斋丛录》，页303，北京：中华书局，2005年。

[3] 康熙朝《大清会典》，近代中国史料丛刊三编，页3815，台北：文海出版社，1993年。

[4] 康熙朝《大清会典》，近代中国史料丛刊三编，页3827，台北：文海出版社，1993年。

[5] 康熙朝《大清会典》，近代中国史料丛刊三编，页3836，台北：文海出版社，1993年。

[图5-4] 清人万树园赐宴图轴

茶，《大清会典》记载："师发，帝送至长安右门或德胜门外，光禄寺备供乳茶，由礼、兵两部堂官赐茶，饮毕，行礼启行。师回，皇帝迎至卢沟桥，或良乡，或黄新庄行宫，赐坐，赐茶。回朝后，大行赐宴礼于紫光阁，或丰泽园，或圆明园，时称凯旋宴，例用四等满席，多时可达九十席，其所用乳茶亦同。"

〔4〕会射：顺治十四年题准，上三旗官员甲兵会射，用牲酒，尚膳监备办。茶，光禄寺备办。其五旗官员甲兵会射，宴用牲酒茶，由各王、贝勒、贝子等人入分公备办。[①]

除此之外，还有诸如日讲、经筵、恩荣宴、会试、耕猎、幸学、纂修等各类活动〔图5-4〕，都会有各种饮茶活动，其仪式与上述活动基本相似，故在此不一一赘述。关于此类活动所用的茶叶在不同时期有不同的选择，一般是根据活动的重要程度、季节及现存的茶叶数量而定。但也有一些场合是规定了具体的茶叶种类，如雍正八年〔1730年〕定文会试："三场应试举子食

[①] 康熙朝《大清会典》，近代中国史料丛刊三编，页 3837，台北：文海出版社，1993 年。

物，每场共供鸡百有五十、猪肉八百……三种茶，六安茶二十斤、北源茶三十斤、松萝茶四十斤。"这种规定此后一直延续下来，成为会试制度的一个重要组成部分，但其中茶叶品种是有所变化的，如"乾隆三十年议定，考场备办供给……又茶叶即备有松萝茶一百斤，自无须更备高茶二种，以上各项，具应裁节。"

清宫除日常例用茶之外，朝廷举行大型茶宴与每岁新正举行的茶宴，在康熙后期与乾隆年间，也曾极盛一时。如康熙五十年〔1711年〕，时逢康熙皇帝六十寿辰大庆，为招待进京祝寿的老臣，康熙皇帝在畅春园^①举行"千叟宴"。出席者有六十岁以上退休老臣、官员、庶士多达一千八百人。"千叟宴"的一项重要程序，是首开茶宴。在宴会之后，皇帝还要向一部分老臣、王公、显贵赐御茶及所用过的茶具。康熙六十年〔1721年〕，圣祖玄烨又举行了第二次有一千余人出席的"千叟宴"。清朝另两次大型"千叟宴"，分别于乾隆五十年〔1785年〕与乾隆六十年〔1795年〕〔按：是年为乾隆执政最后一年；次年嘉庆即位，乾隆为太上皇〕举行，其规模之大，参加人数之多，远远超出了康熙举行的两次"千叟宴"，分别有三千多人与五千多人出席。"千叟宴"的进餐程序，仍然是首开茶宴。宴会后，按常例有一部分官员及出席者会得到皇帝赏赐御茶、茶具等殊荣。

乾隆在位〔1736年—1795年〕的六十年间，清代正处盛世，加之乾隆皇帝酷好饮茶，又擅作诗。从乾隆八年〔1743年〕开始，每年正月初二至初十便选择吉日在重华宫〔按：重华宫在北京故宫西路，雍正五年〔1727〕清高宗弘历〔乾隆帝〕大婚时赐居于此，乾隆登基后升为宫〕举行茶宴，由乾隆亲自主持，其主要内容：一是由皇帝命题定韵，由出席者〔一般为十八人〕赋诗联句〔每人四句〕；二是饮茶。诗品优胜者，可以得到御茶及珍物的赏赐。清宫这种品茗与诗会相结合的茶宴活动，规模虽然相对较小，但在乾隆年间持续了半个世纪之久，除少数年份之外，几乎每逢新正都是要举行的，称为重华宫茶宴联句，传为清宫韵事。如乾隆五十一年，茶宴间乾隆作

---

① 按：其故址在南海淀大河庄之北，圆明园之南，颐和园昆明湖东堤之东。康熙时期就明代李伟旧园址改
    建，为康熙、乾隆皇帝治事、游憩之所。

诗"茗碗文房颁有例，沉香真不负三清"[1]。乾隆帝之后，随着清朝国力的衰退，已经很难举办如此规模的盛宴。[2]

第二节　药用与祭祀

1. 药用

茶叶最早就是作为药材使用的，《神农本草经》记载："神农尝百草，日遇七十二毒,得茶而解之。"说明很早人们就认识到了茶具有解毒的疗效。一次偶然的机会，笔者在云南省临沧县见到了一位苏老师〔一位布朗族头人的后代〕，在其家的壁画上很清晰地反映出这样一个故事:布朗族的祖先在长途迁徙中受到疾病侵袭，危难之际，其中的头人〔帕〕岩〔布朗族音:ai〕冷随手抓一把茶叶放在口中，结果疾病痊愈，于是布朗族就开始种植茶叶并以其为主业。而在佤族文化中，茶叶叫"缅"，据说是茶叶在危难时刻解救了佤族人的祖先，帮他们治疗疾病并保佑佤族世世代代繁衍生息。[3]这些传说说明，在当地各族繁衍生息的历史上，普洱茶首先是作为药材被人们认识的。我国古代的很多医药学著作均有茶入药的记述，据有关学者统计，截至清代，涉及茶叶医药功能的著述有茶书 11 种，史、子、集类 29 种，中医书籍 24 种。[4]清代学者赵学敏在《本草纲目拾遗》中概述了清代各类茶叶的药性，在此部分简录于下:

---

[1] 诗注：重华宫茶宴，以梅花、松子、佛子用雪烹之，即与御制三清茶碗并铭。另：类似的茶宴诗还有许多，如《三清茶联句复得诗二首》等，在此不一一赘述。

[2] 参见刘桂林：《千叟宴》，《故宫博物院院刊》，1982 年第 2 期，页 49-55。

[3] 关于佤族对于茶叶救治祖先的记述，可参考肖世英等:《西盟野生茶树群落综合考察报告》，在报告中，作者采访了西盟的老县长隋嘎，从这位佤族茶文化专家那里了解到茶叶在佤族祖先繁衍中的作用。参见《中国云南普洱茶古茶山茶文化研究》，昆明：云南科技出版社，2005 年。

[4] 参见黄志根主编：《中国茶文化》，页 103，杭州：浙江大学出版社，2007 年。这些著作基本囊括了《本草纲目》《千金方》《本草拾遗》《千金翼方》《本草纲目拾遗》《食疗本草》《医方集成》等中国古代医学类的经典著作。

茶叶品种	药用或药性
雨前茶	三年外陈者入药
普洱茶	味苦性刻，解油腻牛羊毒，虚人禁用。苦涩，逐痰下气，刮肠通泄
普洱茶膏	醒酒第一，绿色者更佳，消食化痰，清胃生津，功力尤大
岩茶	去风湿，解除食积疗饥
安化茶	清神和胃，下隔气，消滞，去寒澼
武夷茶	消食下气，醒脾解酒
江西芥片	消食
长兴罗芥	涤痰清肺，除烦消鼓胀
乌药茶	去风湿，破食积，疗饥

　　清宫十分重视茶叶的药用作用，当年为朝廷效力的法国传教士蒋友仁有幸亲眼目睹乾隆皇帝饮茶的情景，在给本国通信中记述："皇帝用餐时通常饮料是茶，或是普通的水泡的茶，或是奶茶，或是多种茶放在一起研碎后，经发酵并以种种方式配制出来的茶。经过配制出来的这些茶饮料，大多口味极佳，其中好几种还有滋补作用，而且不会引起胃纳滞呆。"在《宫女谈往录》中记述慈禧太后吃晚饭后饮普洱茶以解油腻，"老太后进屋坐在条山炕的东边。敬茶的先敬上一杯普洱茶，老太后年事高了，正在冬季里，又刚吃完油腻，所以要喝普洱茶，图它又暖又能解油腻。"[1]俄国学者叶·科瓦列夫斯基在《窥视紫禁城》一书中这样描写普洱茶膏，"此外还有一种特制成小方块的紧压茶，非常的昂贵。其汁液苦涩黏稠，可用普洱茶或者是其他的茶熬制而成。其中经常还要加入各种药材，甚至高丽参。咀嚼这种茶可以生津、帮助消化。"[2]这种紧压茶就是普洱茶膏。在故宫博物院现存的普洱茶膏中，上面就有其说明："肚胀受寒时，用姜汤与茶膏同煮饮，使身体出汗即愈，当口破舌喉受热疼痛时，用五分茶膏噙口过夜，即愈。当受暑，擦破皮肤出血时，将茶膏研面敷患处，即愈。"[3]茶膏说明显示以药用为主，一年四季中受寒暑热生疮等内外伤均可医治，其服用方法既可内服，又可外用。因茶膏经熬制而

⑴ 金易、沈义羚：《宫女谈往录》，页73，北京：紫禁城出版社，2001年。

⑵ 〔俄〕叶·科瓦列夫斯基著、阎国栋等译：《窥视紫禁城》，页222，北京：北京图书馆出版社，2004年。

⑶ 故宫博物院藏：《普洱茶膏说明书》。

[图5-5] 寿药房所用檀香木柱纽 "寿药房图记"

成，类似现在的速溶制品，因此取用方便快捷，受到宫廷的欢迎。

除此之外，茶叶还会作为材料入药，如"各处办道场及药房〔图5-5〕配仙药茶等项每年约用六安茶一百八十余斤"[1]。关于仙药茶，在清代档案中有大量的记载，如"嘉庆二年一月十二日，刘进喜请得嫔藿香正气丸三钱，仙药茶二钱一服，二服。"[2]"道光四年十月初三日，郝进喜请得皇后藿香正气丸三钱，仙药茶二钱，煎汤送下。初四日，郝进喜请得皇后藿香正气丸三钱，仙药茶二钱，煎汤送下。……同月十四日、十五日，郝进喜再进上述药二份。"[3]关于仙药茶的配方，现在还无法得知，但从对应的病症上看，主要配合藿香正气丸治疗伤寒头痛、发热身酸等症。

2. 祭祀

茶在历史上作为祭祀供品源自何时目前还很难作出定论，考古学材料发现茶很早就作为随葬品出现在墓葬中，湖南长沙马王堆汉墓中就有茶叶一

[1] 中国第一历史档案馆：《奏销档204-195：奏请每年额解六安茶四百袋折，乾隆六年五月十七日》。
[2] 陈可冀主编：《清宫医案研究》，页302，北京：中医古籍出版社，2003年。
[3] 陈可冀主编：《清宫医案研究》，页469，北京：中医古籍出版社，2003年。

[图5-6] 寿皇殿

箱，这是贵族以茶为随葬品的证明。现在可见的最早的文字记载出现在《南齐书·礼志》："永明九年，诏太庙四时祭荐，宣帝面起饼、鸭臛；孝皇后笋、鸭卵、脯酱、炙白肉；高皇帝荐肉脍、菹羹；昭皇后茗、炙鱼。皆所嗜也。"唐以后，茶成为必不可少的祭祀品，也出现在礼制之中。

清代，茶叶作为祭品大量用于各类祭祀场合。《大清会典事例》记载："万寿圣节祭，显佑宫，用三两重黄蜡烛二枝，二两重六十五枝，松萝茶一两。"[1]寿皇殿供奉着历代皇帝的圣容像，是清宫重要的祭祀场所，每天都会上贡一定数量的茶叶，如"乾隆十二年七月二十一日至十五年七月二十一日，寿皇殿：中龛上供每日用普洱茶五钱，东龛上供每日用普洱茶五钱；安佑宫：中龛上供每日用普洱茶五钱，东龛上供每日用普洱茶五钱。"[2]又如"嘉庆二十五年，寿皇殿〔图5-6〕中龛每日上供用普洱茶三钱，一月用九两，一年用六斤十二两。东龛每日上供用普洱茶三钱，一月用九两，一年用六斤十二两。西龛每日上供用普洱茶三钱，一月用九两，一年用六斤十二两。安佑宫中龛每

[1] 嘉庆《钦定大清会典事例》卷八一六，《太常寺·支销》。

[2] 中国第一历史档案馆藏：《宫中杂件》卷号四，第2088包，物品类·食品茶叶。

日上供用普洱茶三钱，一月用九两，一年用六斤十二两。东龛每日上供用普洱茶三钱，一月用九两，一年用六斤十二两。西龛每日上供用普洱茶三钱，一月用九两，一年用六斤十二两。共用普洱茶四十斤八两。"[1]清宫中用作祭品的茶叶大都是由皇帝精心挑选的，如蒙顶仙茶"每岁采贡三百三十五叶，天子郊天及祀太庙用之"[2]。

总的来看，清宫用于药用和祭祀的茶叶相对品类比较单一。药用的茶叶主要集中在六安茶、普洱茶等几类，这些茶叶大都具有消食化痰、开胃生津的功效，对以肉食为主的满族统治者来说，这些茶叶是必不可少的。祭祀的茶叶也主要集中在蒙顶茶、莲心花茶、普洱茶等几类，在这些茶叶中蒙顶仙茶采摘数量极少，以稀有之物供献祖先也代表了皇帝的仁孝之心。普洱茶是清宫进贡数量最多的茶叶品种之一，而且本身品质优异，所以大量上供普洱茶叶就不足为异了。

第三节 赏赐

赏赐是古代皇帝笼络臣下、抚慰臣子的一种重要手段。历代以来，茶叶都是宫廷重要的赏赐物品，清代更是如此。从档案记载来看，清代的茶叶赏赐可分为例行赏赐和非例行赏赐两类，下面具体来看。

1. 例行赏赐

例行赏赐是指按照规定或惯例向臣下、外藩、国外使臣及周边的一些人给予的一定数量的茶叶赏赐，这些例行赏赐大都具有连续性和数量较大的特点。

首先来看赏赐臣下。如"嘉庆二十五年赏醇亲王、端亲王、惠郡王、大阿哥绵愉普洱茶吃，每位一月用六两，一年共用二十二斤八两。赏如意馆画画人等普洱茶吃，每月用二斤八两，一年共用三十斤。赏月华门该班侍卫普洱茶吃，每日用二两，来蒙古添用一两，共用四斤三两。""嘉庆二十五年端

---

[1] 中国第一历史档案馆藏：《宫中杂件》卷号四，第 2088 包，物品类·食品茶叶。

[2] 〔清〕赵懿：《蒙顶茶说》，页 428，转引自《中国茶叶历史资料选辑》，北京：农业出版社，1981 年。

[图5-7] 姚文瀚画《弘历紫光阁赐宴》卷中的茶宴活动

阳节之例，进皇太后、诚禧皇贵妃等位大普洱茶八个，女儿茶五十个。""赏王子、郎什哈大臣、翰林等龙井茶三十一瓶，普洱茶六瓶，花香茶五瓶，赏嘉祥阳羡茶一瓶"。又如"乾隆五十一年端阳节，赐妃嫔等位、十公主，大普洱茶六个，女儿茶三十个。端午节嘉庆皇帝赏王子、翰林等普洱茶六瓶"[1]。

从材料中我们可知，清代皇帝赏赐臣下茶叶具有以下两个特点：一是赏赐的臣子多为近侍，如醇亲王、端亲王、惠郡王、王子、翰林以及各门侍卫等人，这些人与皇帝的关系密切，与皇帝接触的机会非常多。二是以节日赏赐为主，清代包括三大节在内的各类节日众多，而宫廷在各类节日中基本上都会有一定的茶叶赏赐臣下，特别是举行各类茶宴活动〔图5-7〕时，更是如此。

其次是外藩各部。清代西北诸游牧民族对茶的需求是非常大的，以茶解油腻，茶是生活中必不可少的饮品。所以在下嫁蒙古的清代公主、外藩、进

[1] 辽宁社会科学院历史研究所等编：《清代内阁大库散佚满文档案选编》，页297-389，天津：天津古籍出版社，1991年。

[图5-8]　《清人画万树园赐宴图》轴中的外蕃首领

贡使者到京城的时候,皇帝都会赏赐外蕃首领大量的茶叶〔图 5-8〕。如"嘉庆二十五年六月十四日,赏蒲珠巴咱尔用普洱茶四瓶。六月二十七日,赏吗哈巴拉用普洱芽茶二瓶。十二月二十三日,赏蒙古王公呼图克图喇嘛等用大小瓶茶二百十瓶。""乾隆四十五年正月,赏蒙古王公等普洱茶三十九瓶。"在各类档案材料中,我们都能发现大量的赏赐茶叶的记载。《清代内阁大库散佚满文档案选编》中有大约几百条赏赐外藩茶叶的记载,现择几条抄录于下：[1]

康熙元年六月初一日,赏翁牛特杜棱郡王茶两竹篓。

康熙元年十月十日,赏喀尔喀达尔汗亲王茶一竹篓,浩齐特部阿赖崇额尔德尼郡王茶一竹篓,喀尔喀布木巴西喜贝子茶一竹篓,车根固木贝勒之四品台吉满西里茶一竹篓。

康熙二年正月初五日,赏厄鲁特额尔德尼阿海楚虎尔诺颜茶两竹篓,厄鲁特额尔德尼阿海楚虎尔诺颜之罗布藏呼图克图茶一竹篓,厄鲁特额尔德尼阿海楚虎尔诺颜之子杜喇尔台吉茶一竹篓,厄鲁特额尔德尼阿海楚虎尔诺颜之哈木布西勒图淖尔济茶一竹篓。

---

[1] 〔清〕赵翼：《簷曝杂记》,载《清代笔记小说大观》,上海：上海古籍出版社,2007 年。

康熙二年正月初五日，赏科尔沁达尔汉巴图鲁亲王茶一竹篓，科尔沁冰图郡王茶一竹篓，科尔沁冰图郡王之三品台吉噶布拉茶一竹篓。

通过档案，我们可以看出，清代赏赐外藩茶叶主要有以下几个特点：一是总体赏赐数量庞大。由于游牧部族对茶叶的需求量非常大，因此几乎每次赏赐都会有一定数量的茶叶。二是赏赐密度频繁。从档案中我们可以看出，清中期及以前几乎每个月都有赏赐蒙古、西藏等外藩茶叶的记载，且赏赐的对象大都是各部落的亲王、郡王、贝勒等王公贵族。三是清前后期赏赐外藩茶叶的数量变化很大。清中期以前，出于笼络蒙古等外藩的需要，赏赐活动非常多，赏赐的茶叶也主要集中在这一时期。清后期，由于各种原因的限制，赏赐活动减少，相应的赏赐茶叶的数量也较少。四是赏赐的茶叶品种较为固定。其中以普洱茶、安化茶等茶类为主，这些茶叶对解油腻、促消化都有很好的功效，非常适合游牧民族饮用。

再次，赏外国使臣。清廷对外国本着怀柔远人的目的，以厚往薄来的宗旨给予来清朝的外国使臣很大的赏赐。正如乾隆皇帝所说："该贡使航海远来，初次观光上国，非缅甸、安南等处频年入贡者可比。梁肯堂、征瑞各宜妥为照料，不可过于简略，致为外人所轻。"在这些优厚的赏赐中，正如赵翼所说："太西洋据中国十万里，其番舶来，所需中国之物，亦惟茶是急，满船载归，则其用且极于西海以外矣。"[1] 每次朝贡，清朝皇帝都会赏赐大量的茶叶。在此不妨列举几条：

〔1〕《嘉庆朝·钦定大清会典事例》，卷三九六：乾隆五十四年，安南国王遣使入贡，共赏五次。初次赏安南国王普洱茶团七，茶膏二盒。二次赏普洱茶团四，茶膏二匣。三次赏普洱茶团四。[2]

〔2〕《嘉庆朝·钦定大清会典事例》卷三九七：乾隆五十五年，安南国王率世子陪臣亲诣阙廷……赐该国王茶叶六瓶，大团茶二。同年八月，在圆明园赐国王十四次，初次赏普洱茶团一，茶叶二瓶……陪臣六员，赏凡十次，初次茶叶各二瓶，茶膏各一盒。[3]

⑴〔清〕赵翼：《簷曝杂记》，载《清代笔记小说大观》，上海：上海古籍出版社，2007年。

⑵ 嘉庆《钦定大清会典事例》卷三九六，《礼部·朝贡》。

⑶ 嘉庆《钦定大清会典事例》卷三九七，《礼部·朝贡》。

〔3〕《嘉庆朝·钦定大清会典事例》卷三九七：乾隆五十八年，缅甸国王遣使祝贺，特赐国王茶叶十瓶。正使茶叶六瓶，茶膏二匣，大普洱茶团二个。副使二员，茶叶各四瓶，茶膏各一盒，小普洱茶团各十个。[1]

〔4〕英国马戛尔尼使团来华时，乾隆皇帝赏赐清单中的茶叶数量为：

拟赏英咭唎国王：普洱茶八团，六安茶八瓶，武夷茶四瓶。

酌拟加赏英咭唎国王：普洱茶四十团，武夷茶十瓶，六安茶十瓶，茶膏五匣。

拟随敕书赏英咭唎国王：普洱茶四十团，武夷茶十瓶，六安茶十瓶，茶膏五匣。

酌拟赏英咭唎国正使：茶叶二大瓶，砖茶二块，大普洱茶二个，茶膏二匣。

酌拟加赏英咭唎国正使：普洱茶八团，六安茶八瓶，茶膏二匣。

酌拟赏英咭唎国副使：茶叶四小瓶，女儿茶十个，砖茶二块，茶膏一匣。

酌拟加赏英咭唎国副使：普洱茶四团，六安茶四瓶，茶膏一匣。

赏副使之子哆吗·嘶当东：茶叶二瓶，砖茶二块，女儿茶八个，茶膏一匣。

赏英咭唎国贡使带赴热河官役总兵官本生，副总兵官巴尔施二名：茶叶各三瓶，砖茶二块，女儿茶各八个，茶膏各一瓶。

拟加赏总兵官本生、通事娄门等四名：茶叶各二瓶，普洱茶各二团，砖茶各二块。[2]

从材料中我们可以看出，清代赏赐外国使臣茶叶具有以下两个特点：一是每次赏赐外国使臣都有茶叶，而且是使团的成员几乎人人都有。二是赏赐的茶叶品种较为固定，以普洱茶、六安茶、武夷茶、砖茶和茶膏为主，几乎每次赏赐的都是这几类茶叶。究其原因，不外乎在清代皇帝的眼中，这些国

[1] 嘉庆《钦定大清会典事例》卷三九七，《礼部·朝贡》。

[2] 故宫掌故丛编：《英使吗嘎呢呢来聘案》，乾隆五十八年七月十二日军机处拟赏物件单。

家也同蒙古等藩部一样，仰赖清代的茶叶生活，且这些国家也同游牧民族一样需要解油腻、助消化功效强的茶叶。这种对使臣的赏赐在很大程度上是为了达到怀柔远人之目的。茶叶被作为控制藩部与属国的一种有效手段，达到以茶制人的目的。正如当时学者所论："中国随地产茶，无足异也。而西北游牧诸部，则恃以为命，其所食膻酪甚肥腻，非此无以清荣卫也。我朝尤以为抚驭之资，喀尔喀及蒙古回部无不仰给焉。"[1]

2. 不定期赏赐

除了节日等定期要进行赏赐之外，皇帝还会不定期地赏赐给臣下一些茶叶。我们看下面几条材料：

〔1〕"乾隆五十二年四月十七日，正大光明殿赏庶吉士等人清茶吃，用普洱茶二两七钱。"

〔2〕"乾隆十三年正月，赏公主格格等用普洱芽茶二十瓶，赏听戏王子及蒙古王子普洱芽茶五十九瓶、普洱蕊茶五十八瓶。"

〔3〕"嘉庆二十五年三月初一日，赏蒲珠巴咱尔用普洱茶四瓶。三月二十五日，正大光明殿赏考宗室人等普洱茶吃，用普洱茶四两。四月十二日，保和殿赏考试差等二百四十三名普洱茶吃，每名一钱，共用普洱茶一斤八两三钱。四月十八日，正大光明殿赏考试差人等六十二名普洱茶吃，每名一钱，共用普洱茶六两二钱。四月二十一日，保和殿赏考试差人等二百四十五名普洱茶吃，每名一钱，共用普洱茶一斤八两五钱。四月二十二日，保和殿赏考试差人等普洱茶吃，用普洱茶四两。四月二十六日，上留赏人用普洱茶一百匣。四月二十八日，保和殿赏朝考人等二百四十五名普洱茶吃，每名一钱，共用普洱茶一斤八两五钱。"

〔4〕对于藩部王公或国外使臣，在参加各类活动时也会有一些临时性的茶叶赏赐。如《日省录》记载了乾隆五十五年〔1790年〕，朝鲜王朝派遣进贺使赴北京圆明园贺寿的情景，其中有大量赏赐茶叶的记载："由观戏殿西夹门赴宴，班戏阁规制及班位宴仪与热河同，唯蒙古诸王，自热河径归本部，臣仁点、臣浩修各赐苹果一碟，普洱茶一壶，茶膏一匣，臣百亨赐苹果

① 〔清〕赵翼：《簷曝杂记》，载《清代笔记小说大观》，上海：上海古籍出版社，2007年。

一碟，普洱茶一壶。"[1]

　　从这些材料中我们可以看出，这种不定期的赏赐具有以下几个特点：一是随意性强。赏赐是皇帝根据自己心情的好坏决定，赏赐的茶叶品种和数量也不确定，都是由皇帝临时决定。在很多大型活动中，皇帝都会有茶叶赏赐，如赏保和殿考试差人二百四十五名普洱茶吃。二是数量少。这些临时茶叶赏赐少的不过一钱，多的也不过几两，仅够受赏之人一时之用，更多的具有犒劳慰问的性质。三是赏赐的频率很高。如嘉庆二十五年〔1820 年〕从四月十二日到四月二十八日，连续六次赏赐考试的差人，甚至有时一天也会赏数次，没有明确的次数规定。

附表 4-1　清初公主、外藩、进贡使者每日赏赐茶及回程赐茶数量一览表

来京人员	定制时间	在京给茶叶数量	回程给茶叶数量
外藩固伦公主额附同来京	崇德三年	茶叶二十包／十日	茶叶三十包
	顺治二年	茶叶一百五十包／十日	茶叶二百包
外藩和硕公主额附同来京	崇德三年	茶叶二十包／十日	
	顺治二年	茶叶一百包／十日	茶叶一百五十包
外藩郡主额附同来京	顺治元年	茶叶三十包／十日	茶叶一百包
	康熙元年	茶叶五十包／十日	茶叶一百包
外藩郡主额附同来京	崇德八年	茶叶二十包／十日	
	顺治元年	茶叶二十包／十日	茶叶八十包
	康熙元年	茶叶四十包／十日	
外藩郡君额附同来京	崇德八年	茶叶十包／十日	茶叶六十包
	顺治元年	茶叶十包／十日	茶叶六十包
	康熙元年	茶叶三十包／十日	茶叶六十包
外藩县君额附同来京	顺治元年	茶叶一包／日	茶叶四十包
	康熙元年	茶叶二包／日	茶叶四十包
外藩乡君额附同来京	顺治元年	茶叶一包／日	茶叶三十包
	康熙元年	茶叶一包／日	茶叶三十包
随公主来京人员〔都统、副都统、护军统领〕	崇德三年	茶叶一包／日	
	顺治元年	茶叶一包／日	

⑴《日省录》，正祖十四年九月二十七日。

皇后父母、科尔沁土谢图亲王、卓礼克图亲王、达尔汗巴图鲁亲王	崇德三年	茶叶二十包／十日	茶叶三十包
外藩亲王	崇德六年	茶叶一包／日	
	顺治元年	茶叶二包／日	茶叶四十包
	康熙元年	茶叶三包／日	茶叶六十包
外藩郡王	崇德二年	茶叶一包／日	
	顺治元年	茶叶一包／日	茶叶三十包
	康熙元年	茶叶二包／日	茶叶五十包
外藩贝勒	崇德八年	茶叶一包／日	
	顺治元年	茶叶一包／日	茶叶二十包
	康熙元年	茶叶二包／日	茶叶四十包
外藩贝子	崇德八年	茶叶一包／日	
	顺治元年	茶叶一包／日	
	康熙元年	茶叶一包／日	茶叶三十包
外藩公	崇德六年	茶叶一包／日	
	顺治元年	茶叶一包／日	
	康熙元年	茶叶一包／日	茶叶二十包
外藩公主、子	崇德六年	茶叶十包／十日	
	顺治元年	茶叶二十包／十日	茶叶四十包
台吉、塔布囊	崇德三年	茶叶一包／日	
	顺治元年	茶叶一包／日	
	康熙元年	茶叶一包／日	

外藩元旦来京庆贺	亲王	顺治元年	茶叶二桶	
	郡王		茶叶一桶	
	贝勒		茶叶一桶	
	贝子		茶叶一桶	
	公		茶叶一桶	
朝鲜、安南、琉球等属国庆贺三大节来京使节	正使	顺治元年	茶叶三两／日	
	副使		茶叶二两／日	

资料来源：康熙《大清会典》。

第六章　贡茶对清代社会的影响

清代数量庞大的贡茶，影响着社会的各个方面。在一定程度上，数量庞大的贡茶使产茶区的经济走向单一化，而且对质量的高要求也给茶农造成了很大的负担，甚至家破人亡。同时，对茶叶高的要求也推动了质量的提升，大量新的茶叶品种出现，拓展了茶农的经济来源，丰富了茶叶文化的内涵。宫廷的生活方式影响着整个清代社会，不论是贵族之家，还是一般百姓生活，在饮茶方面尤其如此。大量的贡茶品种从宫廷走向民间，日常百姓的饮茶方式和饮茶习俗与宫廷习俗相互影响，使清代成为中国茶文化发展的顶峰。

第一节　贡茶之弊及清政府的对策

庞大的贡茶数量，对于贡茶地方的官员和百姓来说，其负担是可想而知的。明代正德年间的官员曹琥列举了贡茶所带来的五大弊端："有芽茶之征，有细茶之征，始于方春，屹于首夏，官校临门，急如星火，农夫蚕妇，各失其业……及归之官，又拣择去取，十不中一，遂使射利之家，先期采集，坐索高价……又官校乘机私买贷卖，遂使朝夕盐米小民，相戒不敢入市。"[1] 可谓一语中的。清代在延续明代贡茶制度的基础上，贡茶品种和数量都有较大幅度的提升。这种繁重的贡茶任务，使得茶农承受着沉重的负担，许多地方不得不放弃许多原来的产业而改种茶叶，这样一来，生产的单一化使得百姓难以承受天灾带来的危机，一遇荒年，则衣食无着。在征缴贡茶的过程中，一些官员营私舞弊，低价强买的现象时有发生，且在贡茶的运输过程中的各种耗费，都被均摊在了茶农的身上，更加重了茶农的负担。由于贡茶带来了各类社会问题，使得清政府不得不采取一些措施稳定贡茶区的经济和社会环境，保障茶农的基本利益。

1. 贡茶的沉重负担

清人陈章在《采茶歌》中记述了贡茶给茶农带来的沉重负担："催贡文移下官府，哪管山茶芽未吐。焙成粒粒比莲心，谁知侬比莲心苦。"[2] 清代贡茶

---

[1] 〔明〕曹琥：《请革芽茶疏》，见嘉庆《霍山县志》。

[2] 〔清〕陈章：《采茶歌》，转引自《中国茶叶历史资料选辑》，北京：农业出版社，1981年。

的庞大数量及对贡茶采摘时间和质量的严格要求，使得产茶区的茶农疲于应对。清人释超全在《武夷茶歌》中这样描述采摘贡茶的辛苦："往年荐新苦黄冠，遍采春芽三日内。搜尽深山粟粒空，官令禁绝民蒙惠。种茶辛苦甚种田，耘锄采摘与烘焙。谷雨期属处处忙，两旬昼夜眠飧废。道人山农难为粮，春作秋成如望岁。"[1] 种茶之苦甚于种田，以致乾隆在看到民间采办贡茶时慨叹："敝衣粝食真不敷，龙团凤饼真无味。"[2]

虽然清廷对各地贡茶的数量有明确规定，但朝廷往往会根据需要进行加码。如安徽六安茶在康熙三十七年〔1698年〕每年进贡三百袋，康熙五十九年〔1720年〕达到四百袋，到乾隆元年〔1736年〕时已经达到七百二十袋，短短数十年，数量已经翻番。而这种加派最后都会落到茶农的头上，"伏思茶户之解茶独犹田户之纳赋，固小民任土做贡之常经，惟是产茶之地不加于前而办茶之银屡增于后，旧为四钱五分者，忽征六钱，民力自觉艰难"[3]。在因一些特殊原因导致贡茶无法按时上交的情况下，地方官会将贡茶价值折银摊派到茶农身上，如同治时浙江"应解内务府黄茶产地被兵已久，旧树被砍新株甫种并非数年间可以成林采摘，请暂从变通，仍请改折价银，俟数年后查看情形，如能复旧再请循例办解"[4]。君山地方"民费金以数十计，已苦之矣。何时例又变，每岁课茶时，除正供仍本色外，其他馈赠悉以银代之。于是，民岁费金以百数十计。茶户或称贷偿，或且鬻妻子偿，甚有自经沟壑者，已而相率逃去。则科之合邑之粮里，费益不訾，害益深矣。邑人盛处士有汭川采茶歌，意盖指此。"[5]〔图6-1〕

在贡茶收缴交易时，由于各种条件的限制，更加剧了茶农的辛苦。蓝陈在《武夷纪要》中记述："每岁差官督制，民疲奔命，苦不可言……胥役每贿营是差以饱其欲耳。尝见唐子畏戏为虎丘僧题云'皂隶官差去取茶，只要纹银不要赊。县里捉来三十板，方盘捧出大西瓜'，使子畏还在，不知吏当何语

[1]〔清〕释超全：《武夷茶歌》，转引自《中国茶叶历史资料选辑》，北京：农业出版社，1981年。

[2]〔清〕爱新觉罗·弘历：《观采茶做歌》，《清高宗御制诗文全集》，北京：中国人民大学出版社，1991年。

[3] 中国第一历史档案馆：《奏销档204-195：奏请每年额解六安茶四百袋折，乾隆六年五月十七日》。

[4] 中国第一历史档案馆：《奏案05-0843-007：奏为酌议浙省应解黄茶碍难改折价银事，同治七年正月初八日》。

[5]〔清〕郑日奎：《游西阳山寺记略》，转引自《中国茶叶历史资料选辑》，北京：农业出版社，1981年。

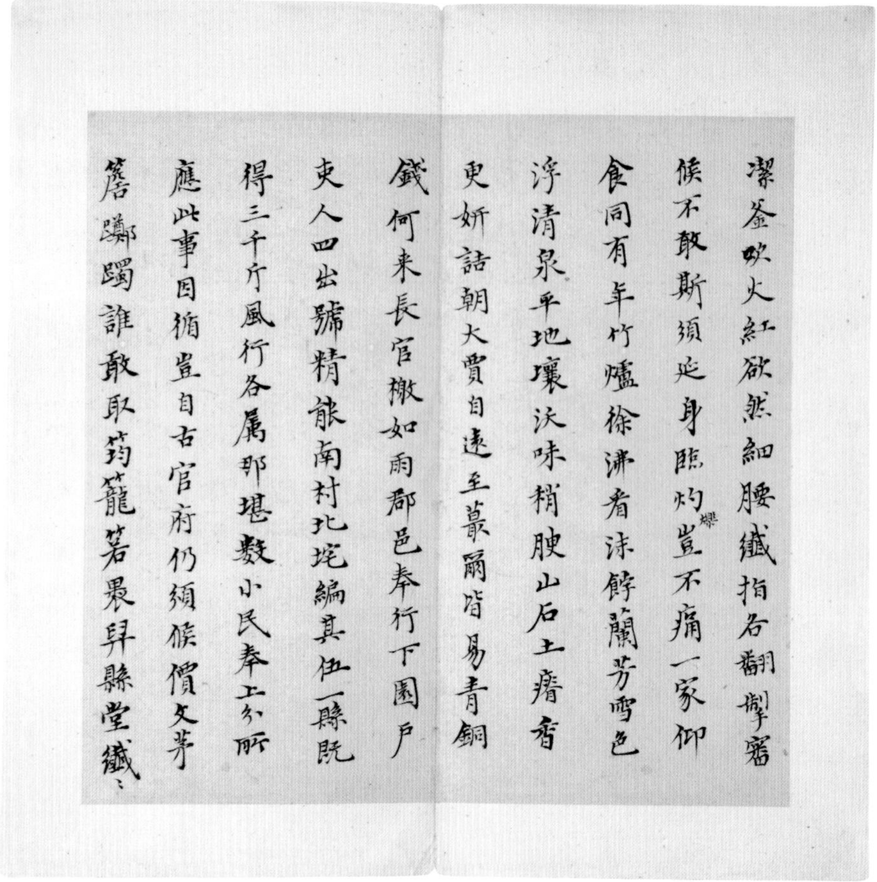

[图6-1] 沈榼楷书焙茶行页所描述的贡茶之弊端

也。"[1] 普洱地方"官民交易，缓急不通。且茶山之于思茅，自数十里至千余里不止。近者且有交收守候之苦，人役使费繁多。轻戥重称，又所难免。然则百斤之价，得半而止矣。若夫远户，经月往来，小货零星无几，加以如前弊孔，能不空手而归？小民生生之计，只有此茶，不以为资，又以为累。〔图 6-2〕何况文官责之以贡茶，武官挟之以生息。"[2] 茶农辛苦一年，到头来却两手空空，这在很大程度上打击了他们种茶的积极性。因贡茶使茶农日常的生活受到了严峻的考验，大量百姓潜逃，严重危害着地方经济的正常秩序。随着贡茶制度的完善，贡茶的解运费用也日渐突出，如安徽霍山县，"六安州霍山县每年例解进贡六安芽茶三百袋，始系户办纳本色交官起解，每茶一课，

[1]〔清〕蓝陈：《武夷纪要》，转引自《中国茶叶历史资料选辑》，北京：农业出版社，1981 年。

[2]〔清〕倪蜕：《滇云历年志》，卷二，昆明：云南人民出版社校注本，1992 年。

[图6-2] 普洱背茶人

止征水脚解费银二钱二三分不等，后因民办本色不能划一，每奉发换补解民多苦累于康熙三十七年，据士民公请纳银官办，是时册载茶四千九百余课，每课议拆银三钱五分，嗣于康熙四十六七年，课被水冲兼树老茶荒豁除一千二百余课不敷办解，复议每课征银四钱五分"[1]。运输成本都直接或间接地转嫁到了茶农的身上，加重了茶农的负担。

贡茶产区的茶农不仅要完成规定的贡茶数量，还必须应对各类地方势力的勒索，如福建武夷地方"访得建协上下、衙门目兵人等，每于春末夏初差役报票，经赴各岩采买，或短其价，或需索供应"[2]。"指官行诈，伪制旨增税，以致重苛。"[3]再有，政府收购的贡茶价格有时甚至不到成本的一半，使得茶农

[1] 中国第一历史档案馆：《奏销档 204-195，奏请每年额解六安茶四百袋折，乾隆六年五月十七日》。

[2] 《严禁勒索茶农碑》，转引自陶德臣：《从碑刻资料看武夷山茶叶生产情况》，《农业考古》2010 年 5 期。

[3] 《两院司道批允兑茶租告示》，转引自陶德臣：《从碑刻资料看武夷山茶叶生产情况》，《农业考古》2010 年第 5 期。

往往入不敷出。云南普洱地方"每年应办贡茶，系动公件银两，发交思茅通判承领办送，原令照实价公平采买。上年属通判刘永睿不遵功令，多买短价，扰累夷方"[1]。如君山地方，"贡茶，君山岁十八斤，官谴人间僧家造之，或至百数斤，斤以钱六百偿之。僧造茶成，一斤费二千余钱矣，向来买者可得四千。近以军事，武弁过此，必买茶以贿大官。斤率九千六百，多则十二千，僧利害略相当。然事平军船日少，茶已不售而官供如故，则败茶之道也。闻贡茶入京以供太庙之用，则包茅矣，余欲做楚贡亭于北渚，后以待茶务，乞官自买茶造之"[2]。过犹不及的做法使得一些有经验的茶农放弃了日常的生活方式，地方官不得不以假冒茶叶充贡，对清王朝的太庙祭祀来说，不能不说是一种悲哀，而对地方经济的破坏力度就更大了。

对于清王朝来讲，大量贡茶的征缴不仅给产茶地区的百姓带来了沉重的负担，过量的贡茶负担也破坏了正常的农业发展结构。嘉庆年间，官员反映福建武夷山区"近来个属茶山，日渐开广，茶捐日盛，各村乡接连开捐。夫茶与稻相较，是茶利厚于稻多矣，故种稻皆改种茶。夫建属七邑，向种之稻，本不敷食，仍借他方运来，贴补不足，尚无大害。若茶山倍于稻田，均仰他省之穀而食，一遇荒年，他省不收，无米运来，岂非又一山西省乎，思之令人可怕，故禁种尚可恃乎。古人云，兴一利不若除一弊，或问茶能止饿乎，智者明矣"[3]。这种观点有一定的道理，特别是在当时自然经济状态下，如何保证温饱毕竟是一个首要的问题，这也从侧面反映了当时武夷山区茶叶种植的面积已经远远超出了其所应有的承受能力，从而影响到了百姓日常的生活。除了经济结构的变化外，大量贡茶的征收对商品茶的交易也产生了一定的不利影响。同时，大量贡茶以进贡的形式直接进入宫廷，影响了商品流通领域茶叶的数量和品质，缩小了商品交易的范围，在一定程度上阻碍了国内茶叶市场的发展，成为了一种长期超越货币关系的无偿掠夺。

[1]〔清〕陈弘谋：《培远堂偶存稿》，转引自《中国茶叶历史资料汇编》，北京：农业出版社，1981年版。

[2]〔清〕吴敏树：《湖山客谈》，转引自《中国茶叶历史资料选辑》，北京：农业出版社，1981年。

[3]〔清〕刘世英：《芝城记略·敬陈管见十二条》，清光绪间抄本。

2. 清廷的整治措施

因贡茶带来了大量的社会问题，清政府为稳定社会秩序，采取了一系列的整治措施。

首先，有步骤地减免一些地方的贡茶数量。如乾隆六年〔1741年〕规定六安茶的进贡数量，由乾隆元年〔1736年〕的七百二十袋降至四百袋。康熙十三年〔1674年〕灌县青城山，每年进贡茶六十斛，陪茶六十斛；到道光四年〔1736年〕，贡茶减为三十斛，陪茶二十斛。[1]康熙三十一年〔1692年〕十月，停直省进仙茶。[2]雍正十年〔1732年〕，由于天灾，朝廷减免直隶、江南、山东、湖南等地的茶三十四万二千三百五十引。[3]通过一系列的减免措施使得茶农的生活境况有所好转。

其次，整顿贡茶采买秩序，安定社会环境。如普洱地方"和行示谕茶山地方汉夷官民等知悉，今岁采办官茶，只需遵照不敷之数，按照时价，公平采办。如有不法官役，借名多买，短价押送，扰累夷民，或被告发，官则立即详参，役则立毙杖下。各宜禀遵毋违"[4]。通过一系列措施，使得采办贡茶秩序得到了恢复，在一定程度上保障了茶农的利益。除了在采办贡茶的秩序上加强管理之外，清政府还针对茶叶生产的实际情况，因时制宜，酌情削减采办的数量，"今岁贡茶，本司仰体两院恤民德意，将上年买存之茶拣选供用外，仅需补买贡茶二百余斤，此无须多卖，诚恐承办官役另指称官茶名色，短价多买，扰累夷方"[5]。各地也先后推出了一些采办贡茶的严禁措施，如武夷山的《清采办贡茶茶价禁碑》〔图6-3〕、〔图6-4〕、普洱地方的《再禁办茶官弊檄》〔附后〕等。

最后，面对经济结构的变化，清政府在保证茶农基本生活的基础上，开始因地制宜，大力发展相关产业，并扶持一些地方茶商业的发展。

我们以普洱茶为例来看，清代普洱地方官员曾这样描绘普洱："臣查普洱一镇系新辟夷疆，地处极边外，连桂缅生番内，而控制各猛土司员缺，甚

⑴〔清〕彭洵：《灌记初稿》，清光绪二十年刻本。

⑵《清史稿·圣祖本纪》，北京：中华书局，1997年。

⑶《清史稿·世宗本纪》，北京：中华书局，1997年。

⑷〔清〕陈弘谋：《培远堂偶存稿》，转引自《中国茶叶历史资料汇编》，北京：农业出版社，1981年。

⑸〔清〕陈弘谋：《培远堂偶存稿》，转引自《中国茶叶历史资料汇编》，北京：农业出版社，1981年。

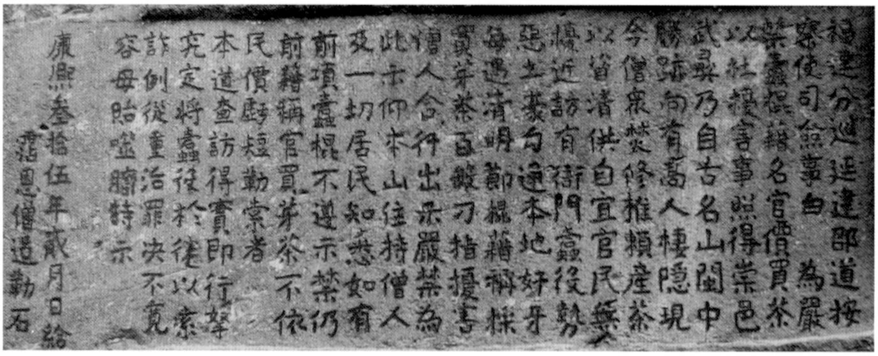

[图6-3] 武夷贡茶禁碑

为紧要，且地多烟瘴。"[1] "所有滇省各属皆夷猡杂居之区，臣一路留心观察，视内改流未久及新辟苗疆地方，夷多汉少，其余夷汉参半，大率汉民俱住城市，夷猡住居山乡，其种类不一。"[2] 在普洱茶兴盛之后，茶叶遂成为这一地区的支柱产业，所谓"普洱名重天下，此滇之所以为产而资赖者也"。普洱地方〔六大茶山〕周八百里，入山做茶者数十万人"。普洱茶使得数十万人的生计问题得到了解决，据李佛一所著《镇乐县新志稿》记载："清嘉庆、道光年间是六大茶山最为辉煌的时期，仅易武茶山年产晒青毛茶七万担，最高达到十万担，〔易武〕从事茶产业的人超过六万。"普洱茶兴盛之后，不仅给当地的百姓带来了生活来源，且吸引大批的流民入山做茶。雍正年间普洱地方改土归流之后，有很多的居民迁往此地，他们于各自的属地或开垦种田，或通商贸易，"分向干瘠之山，辟草莱以立村落，斩荆棘以垦新地，自成系统，不相错杂"[3]。道光时普洱地方的风土人情已经"居然中土"[4]。如此多的流民加入到普洱茶产业之中，也与普洱茶种植加工相对简单，并不需要非常复杂的技术有关，且普洱地方雨量充沛，茶树生长速度很快，有半年的时间可以采茶。[5] 这些有利的条件也在很大程度上促进了普洱茶产业的发展。

总之，清代贡茶制度的完备，对贡茶产区的茶农来说既要经历官府的层

[1] 《宫中档乾隆奏折》辑三，乾隆十七年八月初一日，《云贵总督硕色奏报暂委员署理普洱镇总兵折》。

[2] 《宫中档乾隆奏折》辑四，乾隆十七年十二月初四日，《云贵总督硕色奏报经过地方风土情形折》。

[3] 《清史稿》卷一二〇，《食货一》，页3504，北京：中华书局标点本，1977年。

[4] 清道光三十年〔1850年〕，思茅厅外来客籍户达到5571户，是土著户1016户的4.5倍。

[5] 参阅方铁：《清代云南普洱茶的兴盛及其原因》，《明清论丛》辑十，北京：紫禁城出版社，2010年。

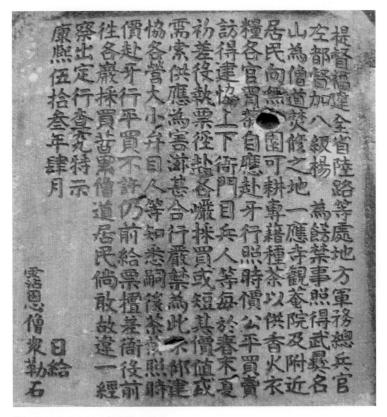

[图6-4] 福建地方禁止勒索茶农禁碑

层盘剥，同时也要承受贡茶这种单一经济作物给当地经济带来的负面影响。在各种矛盾不断激化的时候，统治者也会采取一些缓和措施，以保证茶农的基本经济利益和社会稳定。

附：雍正十二年〔1734年〕二月云南普洱颁布的《再禁办茶官弊檄》

今岁应办官茶，仅将存司者拣用，其应增办者为数无几，业已开单饬之。向例有分送司道文武各衙门者，并巡捕家人之茶，其数不啻倍于贡茶，皆藉官茶名色，短价压买，买后派夫运送，该管官或迫于势力，或瞻顾情面，竟是满山皆是官茶。附近茶山苗倮，竟成当官苦差，只图免差拖累为幸，不暇稍资茶利。茶山苗倮之累日深，产茶亦日渐短少。至于办茶之地方官，除应接不暇、任劳任怨外，又有承办箱匣锡瓶等项。此中垫赔苦累，势必仍出于茶，若不早为饬禁，茶山永成苦海。仰即通行文武衙门各官，需用普茶，果肯平价足银。附近茶山，皆有聚集之处，尽可买用。何必定向该管地方抽丰白取，甚至本系商贾买卖，亦皆冒指官茶，满山之茶，皆官茶矣。嗣后无论文武各官，所需之茶，皆于山外聚处平价买卖，务给现银，不得以损坏之物，抵为茶价。总需苗倮情愿，不得一毫强压。该管地方官，多张晓谕并谕叭目人等，另写夷字告示，务使苗倮皆知，共遵法守。该管官尤宜稽查衙役，约束家人，不许亲友依势强买，其应办贡茶之箱瓶等物，均于省城委办。每年需用贡茶，早有定数，其价皆动支公款，并非自取强派。所送院司衙门样茶，亦已减之又减。所办官茶，比上年已少大半，院司道各衙门如需送人之茶，亦令平价买用。务期身先做则，以杜相沿之派累，永杜茶山之陋弊。倘有违者，唯有查参，绝不稍微含容，亦难再为含容也。普思诸山，当兵灾之后，地方疲敝，苗倮得以归业，惊鸿甫集，十室九空，深山穷谷，别无出息。所产茶树，实苗倮养命之源。身任地方，急宜视此为一方生机所资，加以抚绥，设法保护。岂容因公派累，假公济私，以养民之本计，作应酬之私情。该地武官，亦宜一体尊奉，卫护地方，此实茶山一带民命衣食所关，地方所系，本司仰体宪意。

第二节　推动茶叶产业的发展

虽然庞大的贡茶数量给产茶地方的百姓带来了沉重的负担，但由于贡茶所带来的经济效益也是我们不能忽视的。各个地方官为了迎合宫廷，在茶叶的选材、包装、加工等方面都着实下了很多功夫。这种政府机构对茶叶的干预和引导作用，带动了茶产业的竞争和推进，在一定程度上推动了中国茶文化的发展。[1]

1. 对产茶区的积极影响

清代，贡茶扩大了茶叶产区的影响，使茶叶培植技术在明代基础上得到了进一步的发展，形成了许多著名的产茶区，这些初具规模的产茶区对于清代茶叶产业的发展有明显的拉动力。如碧螺春，"洞庭东山碧螺峰石壁，岁产野茶……土人曰吓煞人香，康熙乙卯，车驾幸太湖，抚臣宋荦购此茶以

---

[1] 参阅巩志：《中国贡茶》"前言"，页6，杭州：浙江摄影出版社，2003年。

进，上以其名不雅顺，题之曰'碧螺春'，自是地方有司，岁必采办矣"①。在碧螺春成为贡茶后，原本的"野茶"一跃而成为名茶，其主产区洞庭山产茶区的茶叶产量逐年递增，年最多时达到4360斤，成为当地主要的经济来源之一。再如普洱茶在成为贡茶以后，普洱地方"茶山极广，夷人管业。采摘烘培，制成圆饼，贩卖客商，官为收课，每年土贡，有团有膏"②。"普茶名重天下，此滇之所以为产而资利赖者也。"③使普洱茶成为当地主要的经济收入，并带动了周围商业的发展。松萝茶，清代"歙北擅茶茗之美，近山之民多业茶，茶时，虽妇女无自逸暇。歙之巨商，业盐而外唯茶。北达燕京，南极广、粤，获利颇赊，其茶统名松萝，而松萝实乃休山。匪隶歙境，且地面不过十余里，岁产不多，难供商贩。今所谓松萝，大概歙之北源茶也，其色味较松萝无所轩轾"④。从记载中我们可以得出这样一个信息，即所产松萝茶数量是有限的，大量的北源茶冒充松萝在外经销，从侧面反映了松萝茶在当时社会的认可程度，这是贡茶免费的广告效应之一。

再看福建地区，据《东瀛识略》记载："茶固闽产，然只建阳、崇安数邑。自咸丰初请由闽洋出运，茶利益溥，福、延、建、邵郡种植殆遍。"关于福建咸同年间植茶的风气，其时闽人卞宝第也有这样一段形象的记述，沙溪"由永安入境，物产茶。土著不善栽植，山地皆租与汀、广、泉、永之人，并且将山旁沃壤弃而出租者，轻本重末，大妨农业，由是客民众多，棚厂联络"。如青城芽茶"岁得不下数万斤"。再如随着普洱茶的兴盛，普洱地方涌现出了许多有名的茶庄〔图6-5〕。光绪年间，思茅城区比较有名的茶号有同仁利、恒盛公、裕泰丰、信和仁等，每户有揉茶灶2盘，每盘灶每年加工茶叶在四五百担到一千担。这种繁盛的状况一直持续到民国初年，当时思茅地方比较出名的茶庄茶号有雷永丰、裕兴祥、鼎春利、恒和元、庆盛元、大吉祥、谦益祥、瑞丰号、均义祥、复和园、同和祥、恒太祥、大有庆、利华茶庄等，每年在此加工的毛茶达到500吨以上。⑤易武车顺号茶庄至今还保存着

① 〔清〕陈康祺撰：《朗潜记闻》卷五，北京：中华书局，1985年。
② 〔清〕吴大薰：《滇南见闻录》，转引自《中国茶叶历史资料选辑》，北京：农业出版社，1981年。
③ 〔清〕檀萃：《滇海虞衡志》，清光绪三十四年铅印本。
④ 〔清〕江登云：《橙杨散志》，清乾隆四十年刻本。
⑤ 参阅黄桂枢：《清代及民国时期的思茅茶庄茶号》，载《中国普洱茶文化新探》，北京：民族出版社，2003年。

[图6-5] 茶庄

光绪皇帝赐的"瑞贡天朝"的匾额。这些茶庄茶号是普洱茶加工的主体，大量的毛茶进入茶庄变成成品茶走向全国。这在很大程度上促进了普洱地方社会经济的发展，成为当地主要的经济来源。光绪二十三年〔1897 年〕，云贵总督崧蕃等上奏，请将云南普洱茶照本省土药抽取落地厘金，"以顾滇饷"[1]，此时的普洱茶已经成为与药材并驾齐驱的支柱产业。

2. 提高了茶叶的品质

清廷对贡茶的要求非常严格，皇帝依据自己的口味对进贡的茶叶进行选择，这在很大程度上会影响采办贡茶的官员，地方官会根据皇帝的要求精选茶叶，甚至调整茶叶采摘的时间、加工的方法等，这种无形中的间接调控在不同程度上提高了茶叶的品质。如蒙顶茶"名山之茶美于蒙，蒙顶又美之上清峰……其茶，叶细而长，味甘而清，色黄而碧，酌杯中香云蒙覆其上，凝

---

[1]《清仁宗实录》，卷二〇六。

[图6-6] 武夷大红袍

结不散，以其异，谓曰仙茶，每岁采办三百五十叶，天子郊天及太庙用之"[1]。
再如郑宅芽茶，"闽中兴化府城外郑氏宅，有茶二株，香美甲天下，虽武夷岩茶不及也，所产无几，邻近有茶十八株，味亦美，合二十株。有司先时使人谨伺之，烘焙如法，藉以数以充贡。间有烘焙不入选者，以饷大僚"[2]。清人查慎行在《御赐武夷芽茶恭记》中有："幔亭峰下御园旁，贡入春山采焙乡。曾自溪边寻粟芽，却从行头赐头纲。云蒸雨润成仙品，器洁泉清发异香。"[3] [图6-6]
除了精选茶叶之外，各地还在茶叶的加工等方面做足功夫。如湖南的安化茶在明代仅仅能加工成黑茶，但到清代经过茶农们的不懈努力，加工的安化红茶不仅成为贡茶，且名扬中外。[4] 乾隆在《观采茶做歌》中记述了龙井贡茶的精细制作："火前嫩，火后老。惟有骑火品最好。西湖龙井旧擅名，适来试一观其道。村男接踵下层椒，倾筐雀舌还鹰爪。地炉文火续续添，干釜柔风旋旋炒。慢炒细焙有次第，辛苦功夫殊不少。"

　　除了对茶叶本身的影响外，各个地方官为了迎合宫廷，在茶叶的包装等方面都着实下了很多功夫。这种政府机构对茶叶的干预和引导作用，带动了茶产业的竞争和推进，在一定程度上促进了中国名茶的产生和发展。[5]

[1] 〔清〕赵懿：《蒙顶茶说》，转引自《中国茶叶历史资料选辑》，北京：农业出版社，1981年。

[2] 〔清〕徐昆：《遯斋偶笔》，光绪七年刻本。

[3] 〔清〕查慎行：《御赐武夷芽茶恭记》，《敬业堂诗集》卷三十。

[4] 刘宝建：《清宫贡茶谈略》，《清代宫史求实》，北京：紫禁城出版社，1992年。

[5] 参阅巩志：《中国贡茶》"前言"，页6，杭州：浙江摄影出版社，2003年。

　　中国古代储存茶叶的历史可以追溯到茶叶诞生之时，当时的人们还不懂得如何保持茶叶的品质，只是简单地将茶叶放置在容器内，这样长时间就会造成茶叶变质或变霉，影响到茶叶的品质。后随着时代的发展，人们开始认识到茶叶储存的重要性，所谓"茶有倦德，畿微是防。如保赤子，云胡不藏"。我们在文献中能清楚地看到古人对茶叶性情的认识及在贮藏方面采取的措施。"藏茶宜笋叶而畏香药，喜温燥而忌冷湿。收藏时先用青笋以竹丝编之，置缶四周。焙茶俟冷贮器中，以生炭火焙过，烈日中暴之，令灭，乱差茶中，封固缶口，覆以新砖。"[1]从中我们可以看出，古人已经认识到茶叶不可以与具有浓烈香气的花朵、药材混置，而应当用清新的竹叶包装，后放入密封的容器内。此后，随着贡茶制度的兴起，贡茶的包装也日益精美，而且密封性更好。赵懿在《蒙顶茶说》中记载："每贡仙茶，正片贮两银瓶，瓶制方，高四寸二分，宽四寸，陪茶两银瓶，菱角湾茶两银瓶，瓶制圆，如花瓶式，颗子茶，大小十八锡瓶。皆盛以木箱，黄签丹印封之。"从中我们可以看到，贡茶主要是用银瓶和锡瓶包装，特别是锡瓶，更是被广泛的使用，这主要是因为锡瓶的密封性好，可以长久保持茶叶的原味，现存的实物也基本上是用锡瓶包装的。清代的贡茶基本沿袭了前代贡茶的包装风格，材质以银、锡为主，锡器采用铸、錾等工艺制作出各式各样的花纹图案，主要有龙凤纹、暗八仙纹、八宝纹、水仙纹及花鸟纹等，造型有如意云、花瓶等各式。容器外一般包有黄色的布套或者黄缎套。此外还有一些大的包装盒，将茶叶放置在其中，这些盒也基本上以黄色或明黄色为主，显示出皇家独有的特性。[2]

　　我们以普洱茶为例来看，普洱茶作为我国云南地区优质的茶叶品种，其包装也受到当地独特生活方式的影响。普洱地区竹林茂盛，自然资源十分丰富。当地的人们一直利用竹子作为生活用品，而用竹叶包装茶叶则成就了普洱茶独有的魅力。普洱贡茶的包装与其他类茶叶有所不同，从现今所存的藏品来看，主要是以竹笋叶包装为主，包括七子饼和茶团等。另外，一些普洱茶被制作成茶膏使用，从现存的实物来看，应当是为宫廷专门定制的，其包

---

[1] 《荈茶记》，转引自《中国茶叶历史资料选辑》，北京：农业出版社，1981年。

[2] 关于贡茶的外包装，此处参阅了刘宝建《清宫贡茶谈略》一文，该文认为：清代贡茶的包装与历代贡茶的包装相比，既保鲜持久，又突出了贡茶的华美名贵。

装也以皇家专用的黄色为标志，上有普洱茶膏保健作用的介绍〔来自于赵学敏的《本草纲目拾遗》："延年益寿，如胀肚，受寒，用姜汤发散出汗即愈。口破，喉颡，受热疼痛，用五分噙口，过夜即愈；受暑，擦破皮血者，搽研敷之即愈。"〕，这种包装以硬纸壳为心，外包以明黄色的缎子或绫子。因入盒的茶膏每块近似方形，正面印团寿字与蝙蝠纹，构成蝠捧寿，引申福寿万年。对于精心制作的普洱茶膏，要保证经历入宫途中一百余天的运输仍能完整无损地贡入朝廷，的确是个难题。因此地方官员高度重视，根据茶膏自身的特点，在长方盒内再以当地盛产的笋衣裁成长短不一的条状，等距横纵交叉向排列成小方格，每块小普洱茶膏被就叠摞在其中。一盒内分几层码放后的茶膏可多达 100 余块，如此多的茶膏于盒内，因被空隙小的小方格固定，所以尽管经过长途运输后，入宫依然完整无损，表现出这种包装法的合理性。

　　总的来看，清代贡茶对茶产业的影响，实际上是政府机构对茶业的干预和引导作用的结果，贡茶由民间到宫廷经历了一个对茶叶品质不断求精的过程。同时，在中国传统社会，皇权代表着一切，统治者的意识形态、文化传统、生活背景和审美情趣，决定了一个时代的产品，特别是宫廷特殊消费品的品种和艺术风格。[1]宫廷对贡茶的评价、反馈和使用数量等，都对茶叶生产技术和质量的提高，带来了一个竞争和促进的机制。通过这样一种自上而下和自下而上的双向交流，[2]贡茶在保证宫廷供应的同时也提高了自身的品质，使其在市场上更具竞争力。

第三节　对饮茶风俗的影响
——以《红楼梦》和《儿女英雄传》为例

　　文学艺术作为生活的反映，表现着一个时代生活的方方面面。作为清代重要的生活必需品之一，茶叶已经成为清朝人生活中重要的组成部分。大量的文学作品也以贡茶为媒介进行创作，在乾隆皇帝的御制诗中就有两百多首

[1] 参阅张琼：《皇权与技艺：清代内织染局考察》，载《宫廷与地方：十七至十八世纪的技术交流》，页121，北京：紫禁城出版社，2010年。
[2] 参阅于良子：《贡茶平议》，《农业考古》1994年第2期。

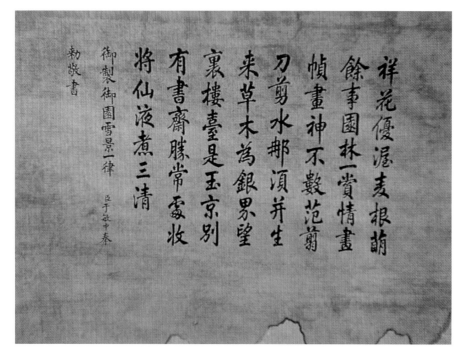

[图6-7] 御制煮茶诗

关于饮茶的诗歌，表现了一代帝王所特有的生活方式、饮食心理、价值观念和审美情趣。[1]〔图 6-7〕在清代社会上也有大量关于关于饮茶的文学作品出现，[2] 在这些作品中，我们都能或多或少地察觉到贡茶的影子。在此仅以《红楼梦》和《儿女英雄传》中的饮茶风俗作一管窥。由于其中涉及茶的记述很多，不能一一列出，仅举几例。

首先我们来看《红楼梦》中的几处描写：《红楼梦》开卷就以"香销茶尽"作伏笔。红楼中吃茶，既有妙玉请黛玉、宝钗、宝玉的品饮，又有日常生活用茶；既有礼貌应酬茶，又有饮宴招待茶；既有风月调笑茶，又有官场形式茶。茶既有消暑、解渴、去味、提神的功效，又有应酬、艺术欣赏的价值。全书提到的茶有枫露茶、六安茶、老君眉、普洱茶、女儿茶、龙井茶、

---

[1] 蔡镇楚、施兆鹏：《乾隆皇帝茶诗与中国茶文化》，《湖南大学学报〔社会科学版〕》2002 年第 1 期。

[2] 据游修龄先生的统计：茶在清代小说中出现的频率〔以出现页数为计〕，《红楼梦》为 17.82%，《水浒传》为 6.59%，《喻世明言》为 9.68%，《老残游记》为 9.81%，《官场现形记》为 9.58%，《拍案惊奇》为 7.4%，《儿女英雄传》为 11.07%。《中国茶文化·说茶》"代序"，杭州：浙江大学出版社，2007 年。

漱口茶、茶面子；从沏茶用的旧年蠲的雨水、梅花雪水等，都能管窥出清代贵族生活中饮茶的种种喜好，与清代宫廷里的品饮基本相同。

关于茶房，第三十五回有："那婆子去了半天，回来说'管厨房的说："四副汤模子都缴上来了。"凤姐听说，又想了一想，道：'我也记得缴上来了，就不记得交给谁了，多半是在茶房里'，又遣人去问管茶房的，也不曾收。"说明贾府设置有专门的茶房，而且用途也与宫廷相同。再比如第十四回有："这四人专门在内茶房收管杯碟茶器。"从王熙凤的安排中我们可以看到，贾府中的内茶房专门负责内眷饮茶、小吃等生活细节方面，这与清宫中茶房的功能是一致的。

关于饮茶，第八回有："宝玉吃了半盏，忽又想起早晨的茶来，因问茜雪道：'早起斟了一碗枫露茶，我说过那是三四次后才起色的，这回子怎么又斟上这个茶来？'"而黛玉则"把我的龙井茶给二爷沏一碗。……紫娟笑着答应，去拿茶叶，叫小丫头子沏茶。"从宝、黛饮用的茶叶上看，二人日常所饮茶叶的品种是不同的，但都是上好的品种。从曹雪芹所处的时代来看，龙井茶和普洱茶正逐步开始成为社会上重要的茶饮品种，《清稗类钞》中有"高宗饮龙井新茶"的记载，宫廷与社会的饮茶习俗逐渐融为一体。

在《宫女谈往录》中有："老太后进屋坐在条山炕的东边。敬茶的先敬上一杯普洱茶，老太后年事高了，正在冬季里，又刚吃完油腻，所以要喝普洱茶，图它又暖又能解油腻。"[1]而在《红楼梦》第三回有："饭毕，各各有丫鬟用小茶盘捧上茶来。当日林家教女以惜福养身，每饭后必过片时方吃茶，不伤脾胃。"第六十三回有："今日因吃了面，怕停食，所以多玩一会。林之孝家的又向袭人等笑说：'该泡些普洱茶吃。'袭人、晴雯二人忙道：'泡了一大缸子女儿茶，已经吃过两碗了。大娘也尝一碗，都是现成的。'"此两处介绍了清代显贵之家以茶养生的生活方式，与宫廷中的基本相类似，饭后以茶解油腻，特别是普洱茶受到了格外的青睐。

在《红楼梦》中，最有名的饮茶论是在四十一回中栊翠庵中的论茶。"贾母道：'……我们这里坐坐，把你的好茶拿来，我们吃一杯就去了。'宝玉留神看他怎样行事。只见妙玉亲自捧了一个海棠花式雕漆填金'云龙献寿'的

① 金易、沈义羚：《宫女谈往录》，页73，北京：紫禁城出版社，2001年。

小茶盘，里面放着一个成窑五彩小盖钟，捧与贾母。贾母道：'我不吃六安茶。'妙玉笑道：'知道，这是'老君眉。'贾母接了，又问：'是什么水？'妙玉道：'是旧年蠲的雨水。'贾母吃了半盏，笑着递与刘姥姥，说：'你尝尝这个茶。'刘姥姥便一口吃尽，笑道：'好是好，就是淡些，再熬浓些更好了。'贾母众人都笑起来。然后众人都是一色的官窑脱胎填白盖碗。"此处涉及了茶礼、茶叶、茶具、用水等各个方面，使清代贵族之家的饮茶风尚跃然于纸上。后面的关于妙玉请林、薛、贾三位品茶时，对茶具、用水及饮茶风俗的点评等，都体现着鼎食之家的等级与尊荣，与宫廷并无区别。

《红楼梦》第十九回中，宝玉私下到袭人家拜访，"花自芳母子两个恐怕宝玉冷，又让他上炕，又忙另摆果桌，又忙倒好茶。袭人笑道：'你们不用白忙，我自然知道。'……然后将自己的茶杯斟了茶，送与宝玉"。贵族子弟与宫廷一样，一般不随便外用茶具等生活器具。《红楼梦》第七十七回中，晴雯被撵回家，宝玉私自前往探望。"晴雯道：'阿弥陀佛！你来得好，且把那茶倒半碗我喝。渴了半日，叫个人也叫不着。'宝玉听说，忙拭泪问：'茶在那里？'晴雯道：'在炉台上。'宝玉看时，虽有个黑煤乌嘴的吊子，也不像个茶壶。只得桌上拿了一个碗，未到手里，先闻得油膻之气。宝玉只得拿了来，先拿些水，洗了两次，复用自己的绢子拭了，闻了闻，还有些气味，没奈何，提起壶来斟了半碗，看时，绛红的，也不像大象茶。晴雯扶枕道：'快给我一口喝罢！这就是茶了。那里比得咱们的茶呢！'"晴雯所喝之茶是普通低劣的大叶茶，颜色绛红，味道咸涩不堪，与贾家日常所饮用的上等名茶当然不可同日而语，但下层的百姓也多以此为茶。两方面巨大的差距反映了清代上层的生活方式越来越走向金字塔的顶端，他们以宫廷的生活方式作为模仿对象，在饮茶习惯上越来越与宫廷相近。著名红学家胡文彬先生曾在《茶香四溢满红楼——〈红楼梦〉与中国茶文化》一文中认为，以饮茶表现人物的不同地位和身份，以饮茶表现人物的心理活动和性格，以茶为媒介表现人物之间的复杂关系，字里行间渗透的强烈的对比，从饮茶、喝茶中看人物的知识和修养。通观全书，真是"一部《红楼梦》，满纸茶叶香"。《清稗类钞》中有"孝钦后饮茶"的记载："宫中茗碗，以黄金为托，白玉为碗。孝钦后饮茶，喜以金银花少许入之，甚香。"[①] 其

[①]　徐珂：《清稗类钞》，页6314，北京：中华书局，1986年。

所用茶具可类比妙玉的茶具了。《晚清宫廷见闻》中有："溥仪和太妃们饮用的茶叶特别讲究，味香汁浓而色淡，是'吴肇祥'茶店专门为宫里熏制的，记得大约是四十两银子一斤。"[1] 这与贵族之家的饮茶讲究都是类似的。

民间百姓的饮茶文化固然达不到宫廷的水平，但在饮茶习惯等方面依然有着可寻迹之处。在此以清代小说《儿女英雄传》为例来看。《儿女英雄传》以雍正年间正黄旗汉军安氏一家的境遇为主线，展现了清代入关后八旗百姓的日常生活情景。其中，关于饮茶的片段有很多，下面兹列举一二：

第二十四回有："安太太也叫张金凤搬了个座儿坐下，不必讲，自然有一番装烟倒茶。"说明当时百姓之家待客习俗中，首先就要上茶。

关于饮茶礼节，第三十五回有："太太才叫了声'长姐儿'，早就听见长姐儿在外间答应了声'嗻'，说：'奴才倒了来了！'便见他一只手高高儿的举了一碗熬得透亮、得不冷不热、温凉适中、可口儿的普洱茶来……只见他举进门来，又用小手巾儿抹了抹碗边儿，走到大爷跟前，用双手端着茶盘翅儿，到把俩胳膊往两旁一撅，才递过去。原故，为的是防主人一时伸手一接，有个不留神，手碰了手，这大约也是安太太平日排出来的规矩。大爷接过了茶……这才回头喝了那碗茶。那长姐儿一旁等接过茶碗，才退出去。"百姓之家，茶礼简单但不失规矩，这与整个社会的饮茶风俗是紧密相连的。

普洱茶在康熙年间进入宫廷成为贡茶后，很快也在民间流行。书中第三十七回有："却说安老爷见一切礼成，才让师老爷归坐，请升了冠。一时倒上茶来，老爷见给他倒的也是碗普洱茶……"第三十九回有："这个当儿，褚大娘子捧过茶来，说：'这是雨前，您老人家未必喝，我那儿赶着叫他们熬普洱茶呢。'"都表明普洱茶已经在深入一般乡绅百姓之家中，成为其日常生活饮用的茶品。

第三十八回有："老爷此时吃饭是第二件事，冤了一天，渴了半日，急于先擦擦脸喝碗茶。无知此时茶碗、背壶、铜旋子是被老爷一统碑文读成了个'缸里的酱萝卜——没了缨儿了'。……幸而茶碗还有富余带着的，梁材倒上茶来。"此处说明，当时一般比较富裕的人家也是比较注意饮茶习惯的，所用茶具大都自己随身置备，这与清宫中皇帝出行和贾府中的生活习惯大同小

---

[1] 《晚清宫廷生活见闻》，页 16，北京：文史资料出版社，1982 年。

异，基本的饮茶习惯是相近的。

　　清代饮茶风俗的变化既与当时社会经济发展相关，同时也受到满族生活习惯的影响，不同民族、不同地区的饮茶习惯相互融合。宫廷饮茶习惯引领着社会特别是上层社会的习俗，从贾府中的诸多饮茶场景来看，俨然是宫廷的缩影，虽然形制上不一，但基本上是模仿宫廷的习惯。从上而下的影响带动着一般百姓的饮茶习惯，《儿女英雄传》里安家虽然只是一般的中小地主，但其饮茶风俗也与当时的上层相似，从日常的茶叶品种到上茶、饮茶的习俗等方面，无不透露着上层社会习俗的影子。

　　"上有所好，下必甚焉"，清代宫廷生活中的饮茶习俗与社会上的一些生活习惯互相交融。大批文人雅士以贡茶为契机，或著书宣讲，或撰诗吟文，地方官员则借助贡茶完成多项政治活动。[1]同时，贡茶的热销也带动了民间的茶叶消费，各种饮茶场所中出现了热捧贡茶的局面，[2]使社会对茶文化的认同性趋于一致，形成了有清一代大气而又独特的茶文化。

　　总之，饮茶风俗在相互影响中发展，清代社会的饮茶风俗和宫廷的生活习俗在许多方面逐渐融合，形成了有清一代独特的饮茶风俗。王公贵族甚至社会中层在生活方式上都模仿宫廷，所差的只是形制和规模而已。从茶叶的选择到茶房的设置，从饮茶器具到饮茶礼节，概莫能外，所谓"移易风俗之权，必操之自上，则不劳而速效"[3]。当然，清代社会民间的饮茶风俗对清宫饮茶习惯的影响也是很明显的，宫中从单一的奶茶到多元化的饮茶方式，茶叶的品种日趋丰富，都表明宫廷也在将社会上的饮茶风俗带到宫墙之内，使讲究精美、艺术化的品饮方式与民间习俗的生活方式相贯通，形成了有清一代独具特色的茶文化内涵。

[1]　此处部分参阅了沈冬梅关于宋代贡茶影响的结论部分。见沈冬梅：《茶与宋代社会》，页124，中国社会科学出版社，2007年。清代和宋代是中国贡茶发展的两个顶峰，关于贡茶对社会习俗的影响也同样在两个朝代民众生活中产生了深远的影响。

[2]　关于民间饮茶的记载非常多，囿于本文所限，不一一列举。如袁枚《随园食单》中对各地茶叶及饮茶的论述。民国学者徐珂在《清稗类钞》中记载了大量反映清人日常饮茶生活片断。如"京师饮水""吴我鸥喜雪水茶""烹茶须先验水""以花点茶""祝斗岩咏煮茶""杨道士善煮茶""以松柴活火煎茶""邱子明嗜工夫茶""叶仰之嗜茶酒""顾石公好茗饮""李客山与客啜茗""明泉饮普洱茶"等等。

[3]　〔清〕叶梦珠撰、来新夏点校：《阅世篇·士风》，页94，北京：中华书局，2007年。

第七章　清宫茶具（上）

茶叶需有好水，方能得到茶的真味；饮茶配以美器，方可以提助茶兴，增加品茗的韵味。所以民间有水为茶之母，器为茶之父的说道。清代帝、后在饮茶中，不仅讲究水要取用玉泉山水，而且在茶具上也极为重视。在制作、使用的过程中，最终形成具有皇家特色的饮茶器具。清代宫廷的茶具根据用途，大体分为盏托、茶盘、茶碗、茶壶、茶炉、奶茶具以及与饮茶相关的一些器具。这些茶具的制作，受到朝廷特别的关注，或完全依皇帝喜爱的花纹、颜色、造型而制，或根据宫内特殊活动需要而造，或与民族生活习俗息息相关，或只为日常饮茶而设。凡此种种背景下的茶具颇具特色。同时官方窑厂、民间窑厂、宫内造办处等相关部门，云集了不少能工巧匠，所以各类茶具的工艺可谓复杂而奇巧，为当时民间制作茶具所不及。本章内容以茶具的使用功能为线索，将其分节叙述，意在了解清皇家用茶具之大观，窥知皇家精品茶具，以及内在的茶文化。

第一节　盏托

盏托，也称茶托、托子、托盘等，是茶壶、茶碗的承接物。茶托问世于何时，目前学术界尚无明确定论。从文字记载看，最早见于唐·李匡乂《资暇集》卷下《茶托子》中的相关记载，似乎为茶托的制作年代给了明确的答案。但就早于唐朝的考古出土文物而论，则可以认定唐朝以前，茶托已经被应用。其功能除《茶托子》中提到的固定茶盏、防止烫手外，还有利于端茶礼仪、保护桌面，这些特性最终导致茶托的制作与使用历代相沿，其工艺与式样不断变化与发展。

1.盏托的由来

追溯历史，茶具的应用经历了混用与专用两个阶段。混用阶段中，人们最初饮茶所用的器具，可从食具、酒具中得到印证。《周礼注疏》中《春官·司尊仪》中记："裸用鸡彝鸟彝，皆有舟。……秋尝冬蒸，裸用斝彝黄彝，皆有舟。"文中的"舟"是何意？据郑玄引注东汉经学家郑众之说："舟，尊下台，若今时承盘。"又唐代的贾公彦进一步解释："'舟，尊下台，若今时承盘'者。汉时酒尊下盘，象周时尊下有舟，故举以为况也。"此两条记录说明两点，其一，至迟在汉代，盛放实物的器皿下常配以被称为"舟"的托盘〔时人称"时承盘"〕；其二，用作饮酒的酒具"尊"其下也配以托盘，而且汉代酒具中的托盘，是沿袭周朝的做法。可见，食具、酒具中托盘的制作年代久远。当人们开始饮茶，为了防止滚烫的茶水外溢，自然会借用托盘，又随着饮茶之风日趋兴盛，托盘逐渐成为专用的茶具之一。这种由食具、酒具的托盘中转换而来的茶托，随着时人的需要与审美观念的变化，其式样不断地发生着变化。降至清代，盏托的使用呈现出方兴未艾的局面，而清代宫廷则是这类茶具制作的引领者。

2. 清宫盏托的制作

清宫的盏托在制作源上主要有三方面。一是由宫内造办处承接制造。凡出自宫廷造办处的制品，都为精品之制，是根据皇帝自己的喜好谕旨造办处而特制的。兹有档案为证：雍正二年〔1724年〕正月初四日，总管太监张起磷交海棠式茶盘一个，传旨："'照此盘大小，改做双圆式朱红漆画龙戏珠花样茶盘几件。'钦此。"[1] "十月十四日司库常宝持出五龙捧寿茶盘一件。奉旨："着做大些，不必用寿字，其瓣收小些，钦此。'于十月六日做得四件。"[2] 雍正十年〔1732年〕"闰五月初五日，据圆明园内来帖："九年八月十四日司库常宝、首领太监萨木哈持出五龙捧寿茶盘一件。'奉旨："照样做几件，比先前做过的旧样收矮些，比此样放高些，盘内不必用寿字，其菊瓣亦收小些，钦此。'六月十一日做得五龙茶盘四件。本日太监沧州传旨："今日呈进的红漆茶盘略宽大，再做时做秀着，其茶盘边瓣放奢些，外边添画龙。再添水颜色红些方好。钦此。'十二年五月初二日做得红漆五龙盘十二件"[3]〔图7-1〕。"乾隆二年〔1737年〕八月初九日宫殿监正侍李英交红地画漆云龙菊花茶盘一件。传旨："着照此样做些水脚放高些，龙身略粗着收细些，里边云加密些，钦此。'于三年九月画得十二件。"[4] 这些档案反映出皇帝对盏托、盘类的制作往

[1] 朱家溍选编：《养心殿造办处史料辑览》，辑一，北京：紫禁城出版社，2003年。
[2] 朱家溍选编：《养心殿造办处史料辑览》，辑一，北京：紫禁城出版社，2003年。
[3] 朱家溍选编：《养心殿造办处史料辑览》，辑一，北京：紫禁城出版社，2003年。
[4] 朱家溍选编：《养心殿造办处史料辑览》，辑一，北京：紫禁城出版社，2003年。

[图7-1] 乾隆款剔红云龙纹碗

往是参照先前制品的式样进一步提出己见，以求制作物更加完美；同时皇帝对盏托全方位提出要求，尤其是在形状、花纹、颜色等工艺上一丝不苟。凡是在皇帝反复审核下完成的制品，堪称是精良之作，诸如瓷胎画珐琅、瓷胎粉彩、剔红、匏制品类，它们是更新传统工艺的宠儿，终成为皇帝的专用之物。

二是由官窑生产制作，是宫廷备用盏托的主要来源。宫廷内日常性应用或举办不同内容的活动中，盏托、茶盘的用量居多，因此会成批的制作。在制造中式样规矩、尺寸标准、工艺严格，可以说是官窑制品的特征。这类制品通常按皇家要求烧造，如清乾隆款粉白地轧道红彩云龙纹盏托〔图 7-2〕，口径 13 厘米，主花纹为代表皇权象征的龙纹，以云纹辅助。龙纹苍劲，在飘逸云纹的烘托下充满活力。花纹中独到之处是在盘面白地上施以轧道技法，其工艺较为复杂。凡成批的制品，与为皇帝单一制作仅几件的茶盘相比略显质朴，但比之民间制品更具艺术韵味。

三是民间的制造物。以银制品为例，在清中期以后更多在民间有实力的银楼定制，尤其清晚期更依赖于民间的制品。从器物上留有的字号看，民间定做的商家不止一处。这些产品与宫内同类用物比对，相当一部分装饰格调相似，可知虽为民间制造，但却依宫廷出样式而制。光绪款银镀金镂空纹圆寿字茶船〔图 7-3〕，底有圈足，其上内竖向镌刻"光绪三十一年七月 泰兴楼造 京平足纹重三两整"。但也有一些民间设计的制品，具有代表性的是银烧

[图7-2] 乾隆款粉白地轧道红彩云龙纹盏托

[图7-3] 光绪款银镀金镂空纹圆寿字茶船

[图7-4] 银烧蓝人物长方茶盘

蓝人物长方茶盘，盘边为镂空彩色菊花纹，盘面一颗粗大的树干上树叶低垂，周围山石林立，青草点缀其中。树荫下的石棋桌上两叟对弈，小童观战。兴致正浓时，不知何故发生争执，搅了老叟的棋局。茶盘画面的人物表情自然，盘边镂空菊花寓意长寿，整个人物与自然景致相映成趣。这件银烧蓝人物长方茶盘〔图7-4〕，是北京民间"德华"号银楼打造。其纹样充盈着市井生活气息，与宫廷同类茶具纹样中讲究对称、庄严的龙凤图案等形成鲜明的对比，这种带有百姓休闲生活的题材装饰，客观上丰富了宫内茶具的花色品种。

漆雕秘阁

[图7-5] 康熙款黄釉暗花云龙纹盏托

[图7-6] 漆雕秘阁图

以上三方面不同生产地产品，使宫内备办茶托类器具数量充足，从而保障了内廷日常的使用。

3. 清宫盏托的种类

清宫内的茶托，在借鉴前人制法的基础上加以改进，并形成本朝茶托的特色。清宫用茶托的式样分圆形、船形和盘式。从这几类形式中，由于制作背景不同，又变化出个性十足的用物。

在圆形的盏托中，大致由圈足、盘及托圈三部分构成。在此基础上又分普通型、碗式托圈型。普通型是指盏托外形如圆盘，内中心设矮托圈，以固定茶碗。如清康熙款黄釉暗花云龙纹盏托〔图7-5〕，在圆形盘的中心凸起托圈，于茶碗的底圈足相吻合，以达到固定的效果。这类茶托在嘉庆、道光时期又出现非常简易的式样，一改实心的制法。其外圆盘缩小，内中心空透，以内直径上沿固定茶碗。这种茶托体积小，结构简单，但功能却丝毫未减。这些优点促成了宫内大量备用，现藏品中铜镀金圆形茶托、铜圆形茶托、锡圆形茶托即此。碗式托圈型，是指圆盘内凸出形如碗的托足。这种样式的茶托自唐朝以来，属实用器具。曾有宋代的申安老人在《茶具图赞中》将其称为"漆雕密阁"〔图7-6〕，并由衷地赞道："危而不持，颠而不伏，则吾司之未能信。以其弭执热之患，无垇堂之覆，故宜辅以宝文，而亲近君子。"字里行间足以说明这类茶托既是流行款，也是最得心应手的用物。但明以后这款

茶托开始减少，清代更有甚之。这一现象是与茶人品茗重闻香，崇尚小茶碗有直接的关系。但宫内则不然，因追求茶具古韵，故雍正、乾隆时期有制作这类茶具的尝试。雍正款天蓝釉盏托〔图7-7〕，盏托下为圈足，托盘上的高托圈如碗形，内空，上置茶碗。天蓝釉属蓝色釉系，因釉色宛如蔚蓝天空之色而得名。天蓝釉初由康熙年景德镇窑创烧，因呈色稳定、色彩淡雅均净，使人赏心悦目。同时，现有藏品中的雍正款做官盏托、乾隆款剔红云龙纹信字带盏托碗、乾隆朝炉均釉盏托均是同类制品。

船形茶托。这类盏托因其外形如船式而得名，也有一些变异呈四角花瓣式的。宫内的茶船，内中心下凹式居多，或索性内无任何设置，呈水平状。这款茶托外形具有观赏性，内设结构简单而合理，所以帝、后颇为欣赏。有关其应用方面的情况在绘画、文字与实物中大量出现。《清人画孝钦显皇后像轴》〔图7-8〕中，皇后坐于竹罗汉床上，胳膊靠于小炕桌，一手持扇，桌边摆放茶具，青花瓷的茶盅卧于金色的茶船内。周围洞石耸立，翠竹、小草茂盛。根据人物的着装、用物以及自然景致，表明这是夏季的一天，皇后在纳凉中观景、饮茶。在宫内类似这种题材的画卷中，有摆放茶具的内容，茶盅仍是卧于金属的茶船内。除画卷之外，相关文字记载中，也有瓷器库银茶托，后妃寝宫如永和宫、承乾宫、景仁宫、钟翠宫内分别有银茶托、铜茶托，"储秀宫茶房"款的银茶船等。

宫内的茶船利用频繁，这皆因使用茶具的方式使然。清帝、后平素饮茶，使用茶具的习俗是茶碗、茶盖与茶船三样配合使用，因而茶船用具需求数量可观。现藏品中能探寻到这类茶具的概貌。

[图7-8] 《清人画孝钦显皇后像轴》

[图7-9] 同治款银镀金双喜字茶船

　　同治款银镀金双喜字茶船〔图7-9〕，形似元宝，内中间为水平面，其外壁四周錾刻大小双喜字，底设矮足，其上竖向刻字："同治十一年 二两平重三两一钱二分。"在两行中心镌"義和""足纹"款识。茶托中双喜字具有特殊的意义。清同治皇帝大婚时，宫廷特别定制了一批金银茶具，该茶托是其中之一。此托与上文《清人画孝钦显皇后像轴》中的茶船竟相一致，可以佐证金茶船或银镀金茶船的主人非帝后、皇太后等人莫属。

　　宣统款银烧蓝茶船〔图7-10〕，高2.7厘米、长14.7厘米、宽10.3厘米。茶船外底部镌刻"宣统五年"等铭文。茶船外底设圈足，内下凹式，造型为如意云纹，其上錾刻团寿字、蝙蝠、双钱等，并按其图形饰以深、浅、月白与藕荷色的烧蓝彩。花纹中由蝙蝠与团寿字组成"福寿团圆"，蝙蝠口衔双钱寓意为"福寿眼前"。此茶船色彩艳丽，寓意吉祥，造型稳重。依其年款此茶船虽为逊皇室的制作物，但设计却与清晚期同类用品的设计有着异曲同工之妙，可知这件茶船属清晚期宫廷用茶船流行款之一。

　　仿雕漆釉茶船〔图7-11〕，高4.5厘米、口径13.6厘米。茶船制作别有特色，以瓷为胎，在外加饰红漆，并于其上施以雕漆技法形成纹样。茶船上边饰回纹，底边饰莲瓣纹，中心呈现出几何菱花纹样，内又满涂金漆为里。由于红雕漆完全覆盖于瓷胎之上，其雕漆工艺精湛，从外观上看宛如一件精美纯红雕漆茶船，且花纹细腻，漆色莹润，使之不是雕漆胜似雕漆，这正是乾隆帝仿制雕漆制品的初衷。此茶船在设计上与众多茶船不同之处，在于船内不设圆凹槽，为平面式。这或许为平足茶碗而特别设计，或用于盛放茶叶及其他与饮茶相关的小什件，或许也专作为陈设物供欣赏。

[图7-10] 宣统款银烧蓝茶船

[图7-11] 仿雕漆釉茶船

　　宫内还有与茶船相近的，底设圈足，内凹，但托盘壁变换为海棠形、莲瓣形、菊瓣形、荷花形、元宝形、盘肠形。不同式样的托盘上，施以錾刻、捶叠、透雕、局部加饰烧蓝彩等多种技法，将花纹、文字等跃然于器皿之上。以上这些构成宫内的茶船系列。

　　茶盘，是问世最早的盏托之一。从特征上讲，茶盘平面较大，其承载物不仅限于一只茶盏，可增加至两件以上，而且也可同时承载茶壶。数量与类别的增加，使茶盘用途广泛，成为大众喜用的茶具。茶盘一般由底足、盘、沿三部分组成，结构简单。清宫中的茶盘式样丰富，在帝、后饮茶茶具中占有一席之地。圆形茶盘，无论日常应用还是外出携带，都是得心应手的用具。《清人画弘历观月图轴》〔图7-12〕中，时值八月十五，桂花树下乾隆手持如意坐在椅上，仰头深情的赏月。他的右侧设有茶格，各层饮茶用具，大小茶叶罐、茶壶、茶碗、盖碗、水盆、茶盒等备置齐全。其中有两个圆茶盘，一件为摆放于茶格上层的黑色圆茶盘，另一件为红色圆茶盘，其上摆着倒入盖碗的茶水，由侍者双手端着，正侍奉皇帝饮茶。如此雅兴活动中圆茶盘的出现，不失为是宫内常用喜用样式之一。除圆形外，宫内茶盘还有方形、长方形、四方委角形、海棠式、菊花瓣式、葵瓣式、莲瓣式、椭圆形等。造型各异的茶盘，分别取材于瓷、玉、木、漆、象牙、匏制、珐琅、竹、金、银、铜、锡等，它们装饰内容丰富，打造得各有特色。

[图7-12] 《清人画弘历观月图轴》

［图7-13］乾隆款粉彩海棠式盘

　　海棠式茶盘，是指取自然界的海棠花而设计的式样，常见有四瓣花式，但也有六瓣花式的，外观俏美。从雍正、乾隆、嘉庆等皇帝的谕旨中常提及海棠式茶盘，可知这种茶盘是清帝们御用茶具之一，因而它们的工艺也是极为精湛的。乾隆款粉彩海棠式茶盘〔图 7-13〕，盘边为四瓣式。盘面菊花丛生，枝叶繁茂。湖蓝色的洞石丛立，石与鲜艳的菊花、绿色的叶子，在淡蓝底色的托衬下，一显娇媚。盘边在粉色地上满绘草龙、莲花。盘沿与内口对称描金漆，有如画龙点睛，更凸显出器物造型流畅，画面耐人寻味。

　　象牙雕石榴花茶盘〔图 7-14〕，盘边上翘。茶盘主图案为石榴花，辅之以蝙蝠、石榴籽、朵花等。花纹采用凸雕与彩画相结合，只见盘内蝙蝠展翅欲飞，红花绽放，枝叶与果实交错于盘外。盘面的留白处是用于置放茶盏的，盘面留白与图案比例恰到好处。此茶盘用料上乘，造型新颖，施色雅丽，工艺复杂，是清中期的精品。

　　此外，现藏品中还有仿定窑白釉云龙纹椭圆委角茶盘、瀫鸂木雕茶盘、瀫鸂木雕椭圆茶盘、乾隆款填漆寿春图椭圆茶盘、剔红锦纹葵瓣式茶盘、剔红锦纹圆茶盘、剔红如意云式茶盘、剔红缠枝莲纹椭圆茶盘、金漆人物图茶盘、嘉庆绿地粉彩花卉海棠式茶托、银錾花茶盘、银镀金双喜万寿无疆字海棠式盘、银茶盘、银海棠式茶盘、银刻双喜字茶盘、铜茶盘、锡茶盘。材质繁多、造型多变的茶盘表现出或精美绝伦，或以实用功能取胜，从而汇成宫廷用茶盘的大观。

［图7-14］ 象牙雕石榴花茶盘

4.清宫盏托的使用

清宫盏托类茶具，材质各异，数量繁多，在日常中的使用也是有章可循的。依典章之例而分配，是清宫后妃取用的形式之一。《国朝宫史》铺宫中明文规定："皇后：漆茶盘十五，皇贵妃：漆茶盘二，妃：漆茶盘二，贵人：漆茶盘一，常在：漆茶盘一，答应：漆茶盘一，皇子、福晋：漆茶盘一，皇子、侧室福晋：漆茶盘一。""铺宫"系指帝、后等人寝室用摆设物，当然兼有使用性。茶盘是被列入其中的。从供给数量上看，明显的因身份不同而数量有别，从中体现出皇家严明的等级制度。文中的漆盘，虽然未言及式样，但若考虑是有等级身份人的用物，估计品相应当不错。若借助绘画的内容，或许也会看到一些端倪。《清人画胤禛妃行乐图轴》〔图7-15〕中，美人坐于床榻上，一手持铜镜正聚精会神地端详自己的容貌，其身旁圆凳上摆放一个黑漆描金花海棠式茶盘，上面放着一蓝色带盖的瓷茶缸。根据图中美人居住的空间及周围的用物，表明主人在宫中的身份非同一般。而所有场景下的器物也与时代制作物相符。所以说图中精美的漆茶盘，至少是清中期后妃所用漆茶盘的品相与工艺特色。

帝、后等人的御茶房、茶房备用。除个人寝宫内摆放盏托、盘外，在个人茶房中也会备一定数量的这类茶具。清晚期，一些银茶船上镌刻"储秀宫茶房"数字，储秀宫一度是慈禧的寝宫，储秀宫茶房专门承办供应慈禧饮茶、制作小点心等事宜；又"永和宫茶房"款的银茶船，也是为其茶房备用的茶具。永和宫即是当年后妃居住的寝宫，以此类推，凡带有宫款的均属于后妃个人

[图7-15]　《清人画胤禛妃行乐图轴》

茶房的备用物。

此外，宫内还有其名目应用的盏托、盘。遇有特殊喜庆之日，像皇帝大婚、万寿节、千秋节等，宫中会承造数量不等的茶盘、茶船等。这些茶具上若饰有双喜字，多与大婚有关；若饰寿字，则有可能是为祝帝、后生日的制作物。这些制品既讲究材质、工艺，同时也兼顾实用性。不仅如此，宫中在敬奉祖先、佛堂等处，也用不同质地的茶盘。以敬奉祖神为例，陈设档曾记录寿皇殿中龛陈设"腰圆菊花式茶盘一件、腰圆葵花式葫芦茶盘一件"[1]，又寿皇殿西次间供奉"海棠式银茶盘一件、船式铅里茶盘一件、银茶盘一件、葫芦茶盘一件"[2]。可谓举不胜举。从这些内容看，供奉祖神、先帝用的各种茶盘并非俗物，多为精心挑选的上乘之作。

第二节　茶盏

1. 清宫茶盏的种类

宫内饮茶之具品种繁多，大致分盖碗、茶碗、茶盅、茶圆、茶盏、茶缸等。盖碗，是继明朝之后大量使用的茶具，宫内当年所制各类盖碗，造型无多大差异，唯在盖与碗口的处理上，一种是碗盖大于碗口，被称为"天包地"式；一种是碗盖小于碗口，被称为"地包天"式。也由此分出了明清两朝盖碗的特点，"天包地"式为明代流行式，"地包天"式则为清朝流行的式样。

茶碗，基本上是无碗盖单一件，茶碗多附有圈足。同治款金錾双喜团寿字茶碗，高 6.5 厘米、口径 9.5 厘米、足径 5.2 厘米。光绪款粉彩花鸟图茶碗〔图 7-16〕，口径 8.5 厘米。此两件茶碗，体量偏大，器壁深且直，碗口微撇，能容一定量的茶水。这是宫内部分茶碗的主要特征。

茶盅，盅，本意为杯类；茶盏，盏，指浅而小的杯子，又前人有口大而身高者名为"盏"之说。综合这些解释，茶盅、盏均为杯子类，称谓不同而意义相同。康熙款青花洞石花卉图茶盅〔图 7-17〕，白玉茶盅，口径 7.9 厘米、底径 3.7 厘米、高 6.8 厘米，从现藏品抽查比对〔见附表 7-1〕中窥知，

[1]　故宫博物院藏：《寿皇殿中龛陈设及贮藏陈设底簿》。
[2]　故宫博物院藏：《寿皇殿西次龛供奉陈设档·同治四年》。

[图7-16] 光绪款粉彩花鸟图茶碗

[图7-17] 康熙款青花洞石花卉图茶盅

茶碗与茶盅〔盏〕尺寸有别，茶盅要小于茶碗。同时，宫内的茶盅还有大茶盅与小茶盅之分。

附表 7-1　清代宫廷的茶碗和茶盅尺寸比较

器名	口径	高	足径
茶碗	11～11.5cm	5.3～5.7 cm	4～4.8cm
茶盅	10～10.8cm	5～5.5 cm	4～4.5cm

转引自廖宝秀撰：《从档案内品名看乾隆瓷胎珐琅彩珠问题》，载《故宫博物院八十华诞古陶瓷国际学术研讨会论文集》，北京：紫禁城出版社，2007 年。

　　茶圆，对茶具形状本无实指性。但在清宫档案中，雍正、乾隆曾多次旨意宫廷制造茶圆，藏品中就有乾隆五年〔1740 年〕瓷胎画珐琅红叶八哥茶圆一对。从实物看，茶圆也为杯类，似与茶盅〔盏〕意同而名异。其实不然，茶圆、酒圆从称谓上相近，依酒圆的体积比之酒杯、酒碗明显的秀巧。同理，至于茶圆，从宫内实物看也有如同酒圆大小的概念。所以大体上茶圆的尺寸略小，是宫内最秀气的茶盏具。

　　茶缸，与茶盅、茶盏、茶圆不同之处在于腹深，部分附盖。其体积大于茶碗、茶盅、茶盏、茶圆。如《清人画
胤禛妃行乐图轴》〔局部〕〔图7-18〕中，
美人身旁竹凳上放茶盘，盘内有一蓝色
的茶缸。缸体较大，深腹，附盖，反映
了宫内使用茶缸的式样。

　　这些不同式样的茶饮具，总体上比
起唐宋流行的茶碗类体积秀气，内茶水
容量有限。使用小巧的茶盏主要原因是

〔图7-18〕　《清人画胤禛妃行乐图轴》〔局部〕

遵循"碗小氲氲"的原则。因为在饮散茶的时代，茶人品茶要领之一，是要
保持茶的香气，而大茶碗会使茶的香气很快散尽，只有小茶盅内倒少量茶水，
入口后在内尽享香气中茶水已尽，需要时再倒入继续品饮。如此反复，闻香、
品饮间良性循环。清宫内茶盏、碗类的尺寸，正是应饮茶这一特点而制，并
逐渐在饮茶具中占据主流。

2. 茶碗溯源

　　茶碗，最早称为茶瓯，后又有茶碗、茶盏、茶盅、茶圆、茶杯、茶缸、盖
碗等称谓。对这种茶具，唐朝陆羽撰《茶经》中提出"口唇不卷，底卷而浅，
受半升〔约300毫升〕以下"。文字描述中有三点需要注意，一是碗上口边要
平直，以利于茶水入口；二是通过内容量界定了茶碗的体积不宜过大；三是
根据茶碗直接映照出茶水的颜色，陆羽对茶瓯的颜色也作了相应的评判。陆
羽提出的这三大要素，曾在一定时期内是茶碗制作的标准。但是，随着饮茶
形式的变化，其制作也不断地发生着变化。

　　唐朝，一改前人以茶药饮、做茗粥等不同饮茶方式，代之而起的是开启
茶道之风，即饮茶于艺术之中。在品茗的过程中，茶人要善于烹茶，用好的
茶器，观茶汤之色，闻茶汤之香，方能享受到茶的真谛。其中观茶汤之色需
要在茶碗中体现，于是内壁的颜色极为重要，所以茶碗的施色为人们所重视。
在崇尚"茶色绿"的前提下，只有岳州烧制的青瓷碗能衬托出茶汤的靓丽，
所以有"碗，岳州上"的观点，并在相当长的时期内，这种茶碗引领着时代
的潮流。

　　宋代，流行点茶与斗茶，其中斗茶法是将茶末放在茶碗内，以一手执壶

内沸水冲茶末，同时一边用茶筅击拂，直至碗中泛起茶末聚集在茶盏口沿，以鉴别谁的"茶水无水痕"而为赢家。因斗茶中，茶色以青白胜黄白，即茶汤清白为上，白色的茶汤在黑色碗中可谓"黑白分明"，最易验看，因此黑色釉茶盏成为宋代茶人的宠儿。当时建窑的黑釉盏风靡一时，生产量大，品种也多，诸如兔毫、油滴、耀变等茶盏面世，精美异常，终成为进贡茶具。降至元代，开散茶饮之风，但饮用前多将散茶研末，可以说是元代特有的饮茶法。元统治者在景德镇建立官方御窑厂，烧制茶具供皇家应用。元代烧造的青花、釉里红、青花釉里红的茶具成为一大时尚。同时，其他单色釉的茶碗根据饮茶、用茶的需要而依然受到推崇。明清时期，散茶饮用的普及，直接导致饮茶法进入烹茶阶段，人们很快找到了茶盏的最佳模式。张源在《茶录》中说茶瓯以白瓷为上，屠隆《考盘余事》中讲："洁白如玉，可试茶色，最为要用。"于是白色内壁的茶碗始开始引领潮流，直至今日流行不衰。

清代宫廷，茶碗的制造得到全面的发展。在工艺上，既有前朝的，也有本朝创新的。在形式上，茶碗也有组合上的变化，即单件、两件与三件组合。单件只是一件茶具，诸如茶盅、茶碗、茶杯等；两件是指一件碗配以一托〔盘〕；三件是指碗盖、碗与碗托〔盘〕。制作与使用上也是大有章法的。

3. 茶碗的赏鉴

宫内茶盏，工艺考究，在品种上，清初在保留前朝的素色釉、五彩、青花、釉里红、青花釉里红、斗彩等诸多品种基础上，从康熙晚期又增加了瓷胎画珐琅、瓷胎粉彩等新品种，历经雍正、乾隆两朝，其成品数量有增无减。清中期以后，这类新品种的数量与质量则不及从前。与之同时制作的还有玉、漆、紫砂、玛瑙、玳瑁、金属类等茶碗。这些不同材质的茶碗，集中反映了宫廷茶盏的时代特色。

清宫陶瓷类茶盏的烧造，主要由景德镇窑厂烧制，是应宫廷的要求而制。这些制品供宫内后妃日常应用，或茶库备用，或瓷器库备用，或供各主位茶房备用。而备用的目的是供宫内举行不同规模的筵宴、庆典活动之用。对于一些特殊的品种，诸如紫砂、瓷胎画珐琅、粉彩等茶盏的烧制，则是先由地方烧好素胎后送至宫中，再由清宫造办处依皇帝的谕旨进行二次加工，最终完成。凡属这类制品，当朝皇帝给予了一定的关注。典型的有康熙时期，宫

[图7-19] 雍正款斗彩云龙纹盖碗

内曾按皇帝要求完成的宜兴胎画珐琅三果纹茶碗、宜兴胎画珐琅花卉盖盅、宜兴胎画珐琅三季花茶碗、瓷胎画珐琅红地花卉小碗；雍正时期则制作出瓷胎画珐琅白地玉堂富贵纹茶碗、瓷胎画珐琅黄地枝仙祝寿纹茶盅；乾隆时期则有瓷胎珐琅白地红叶八哥纹茶盅、瓷胎粉彩荷花纹盖碗等。在皇帝参与下制作的这些精品，共同的特点是胎体均匀、器形美观、纹样俏美、施色瑰丽。但由于皇帝艺术品味的差异，茶碗的视觉效果也不尽相同。同理，其他金属、玉、雕漆、玛瑙、玻璃等诸多材质的茶碗也带有时代的特色。

康熙时期制作的宜兴胎画珐琅花卉盖盅，碗小圈足，深腹，敞口，盖如伞形，抓钮，中空。盅外壁与盖面，以彩色珐郎釉绘画牡丹、菊花、月季、万寿菊及茶花，并在盅底部与盖内也分别画月季花，盅底部有"康熙御制"款识。茶盅因形制犹如倒置的锤形而故名。此茶盅造型美观，器外壁花卉纹饱满，色彩运用以暖色调为主，施浅粉、姜黄、藕荷、草绿、绿、白等。配色注重层次，所以收到色彩丰富而淡雅的视觉效果。

雍正款斗彩云龙纹盖碗〔图7-19〕，口径19.2厘米、底径6.1厘米。碗盖形如伞，抓钮中空，碗敞口，斜壁，下敛，底设圈足。盖碗通体以斗彩装饰绘画云龙纹，主图案之龙，气势磅礴，神采飘逸，在有限的空间内展示出神灵与威严无限的艺术效果。图案诱人眼目，花纹设计精妙，同时也得益于各彩相互有序的争斗，体现了此盖碗烧制的高超技艺。盖碗中的碗，造型留有唐朝广口、斜壁、浅腹形茶瓯的遗风，而碗盖的直径大于碗口，仍为明代盛行"天盖地式"的造型。可见，这是件留有古风的茶盖碗。

[图7-20] 雍正款玛瑙光素茶碗　　　　　　　[图7-21] 白色玻璃鱼藻纹盖碗

雍正款玛瑙光素茶碗〔图 7-20〕，口径 10.5 厘米、底径 4.2 厘米、高 6.7 厘米。此碗敞口，下敛，矮圈足。茶碗配以紫檀木架，碗底镌刻"雍正年制"款识。雍正皇帝一向讲究器物之精美，早在入宫前，府邸内的有些器物较宫廷造办处的成品还要精到。他登基以后，更是不断传旨造办处制造仿古、创新的器物。以稀有玛瑙制品为例，这件玛瑙茶碗用天然玛瑙制成，在自然乳白色的底色中，局部飘着黄及黑色的花斑纹，间有细密条带状纹路。器形简约轻巧，抛光精亮，造型端庄，碗面光滑温润，色彩富有天然美感，尤其座架线条流畅，精巧别致。为其专配的硬木六弯角座架，与玛瑙碗相配，显示出高贵典雅的气质。

白色玻璃鱼藻纹盖碗〔图 7-21〕，口径 14.8 厘米、足径 6.7 厘米、通高 14.4 厘米。碗盖为拱形，上附珠形钮。碗敞口，深腹，圈足。碗盖面与碗外壁分别刻金鱼嬉戏图。外壁疏朗的构图中，水草飘浮，小鱼摆尾上下游动嬉戏于水藻之间，构成富有动感的画面，增加了观赏的意趣。根据用料、盖碗烧制的数量有限等因素，应视如宫内精美的玉类茶具一样，以观赏为制作初衷，原本实用功能茶具让步于陈设与收藏。

金地粉彩莲花纹盖碗〔图 7-22〕，碗撇口，深腹，小圈足，盖如伞形，抓钮，中空。碗外壁在金地上满彩绘荷花并与绿叶托衬。花朵硕大，荷叶翠绿，相互争奇斗妍，一片生机勃勃。钮施金色，如画龙点睛，为整器增添了富贵之气。以荷花为题材装饰盖碗，为乾隆帝注重茶道这一背景下产生的设计理念。乾隆帝喜爱品茶，并遵循"水为茶之母"的原则，不仅素日用玉泉山水烹茶，还在出巡途中慕名上等泉水、井水以烹茶。住在皇家御苑避暑山庄时，曾命侍人于晨曦汲取荷叶上的露珠，用其烹茶，"荷露煮茗"御制诗中道出了用荷露烹茶的味道之妙，因而与荷花结缘。由于这一饮茶雅趣，才有了以荷花为题材的多首御制诗、御制茶壶，此盖碗就是其一。虽然我们尚未揭开乾隆皇帝命人烧造此碗的细节，但依他烹茶中对荷露特有的情愫，料知是件有纪念意义的茶盖碗。

乾隆款仿朱漆菊瓣盖碗〔图7-23〕，口径 11.6 厘米、足径 3.8 厘米、通高 7.5 厘米。盖碗撇口，深腹，矮圈足，鼓盖，抓纽，内中空。碗为瓷质，内壁为浅蓝色釉，碗沿饰金边。盖碗外壁通体饰髹漆工艺，并在盖边、碗边分别剔出回纹、莲瓣纹，又于空白部位剔出几何菱花纹，其刀法用力均匀，纹样清晰，线条流畅。在薄瓷胎上施以雕漆工艺实属不易，稍有不慎则会毁坏整个器具。这种以复合工艺制作的茶具甚为珍贵，满足了乾隆帝巧制茶具的欲望。这种饮茶具在宫内数量极少，应是为赏玩而特别制作的。

[图7-22] 金地粉彩莲花纹盖碗

[图7-23] 乾隆款仿朱漆菊瓣盖碗

[图7-24] 剔红乾隆御制诗盖碗

　　剔红乾隆御制诗盖碗〔图 7-24〕，口径 12.7 厘米、通体高 8.5 厘米。红漆工艺制作的餐具早在汉代时就已流行使用，随着饮茶的普及，漆制品的茶具也被广泛应用。瓷器数量增多与应用的普及，使得漆器的茶具降至次要的位置。雕漆的茶具是素漆制品中复杂工艺的制品，成品重在突出雕饰的技巧、纹样的组合，以此显示其艺术的价值。雕漆的这一特性，令明清帝王痴迷，至清代，宫廷更是刻意制造雕漆的茶具，此红雕漆盖碗就是其中一例。盖碗的造型与同时代大多数盖碗雷同，工艺上却有独到之处。在木胎上髹厚漆，分别以雕、剔的手法，在碗外壁呈现出如意云纹、回纹以及"三清茶"御制诗。诗曰："梅花色不妖，佛手香且洁。松石味芳腴，三品殊清绝。烹以折脚铛，沃之成筐雪。火候辨鱼蟹，鼎烟碟生灭。越瓯泼仙乳，毡庐适禅悦。五蕴净大半，可悟不可说。馥馥兜罗递，活活云将澈。倨佺遗可餐，林逋赏时别。懒举赵州案，颇笑玉川谍。寒宵听行漏，古月看悬玦，软饱趁几余，敲吟兴无竭。"并留有圆形〔乾〕字、方形〔隆〕字两章。盖碗装饰主纹饰御制诗，是皇帝在主持宫内茶宴上的诗作。始于乾隆时的清宫茶宴于正月在重华宫内召开，届时指定人数参加，内容是吟诗作赋。茶宴中应邀入席的大臣饮三清茶，吃干果与小吃食。三清茶并非三种茶叶，而是佛手、梅花、松实，此三品在乾隆的眼中最为清绝。茶宴沿至清嘉庆时期，此后终止，随之

[图7-25] 玳瑁撇口茶碗

[图7-26] 白玉茶杯

有关茶宴诗句的茶具也日趋见少。清宫中这种特殊背景下的茶具，再一次说明了皇帝因爱饮茶而制作出不同材质、不同装饰题材、不同式样的茶具，客观上极大地丰富了当朝的茶具。

玳瑁撇口茶碗〔图 7-25〕，口径 12 厘米、底径 5.4 厘米、高 7 厘米。碗撇口，深腹，下敛，矮圈足。茶碗通体色泽鲜艳，呈半透明状，无疑是取材于成年龟玳瑁精致而成。玳瑁制品易被虫蛀，但此茶碗历经数百年依然完整，可见品质之佳。

白玉茶杯〔图 7-26〕，口径 7.9 厘米、底径 3.7 厘米、高 6.8 厘米。茶碗白玉打磨光华，洁白温润，造型小巧，是典型清中期的制作物。玉制茶盅是清帝、后用茶具中的一种，常在节日中使用。根据档案记载，嘉庆十三年〔1909 年〕除夕日，皇帝手捧"子孙永保"白玉碗，进"万年如意"果茶。至清晚期，身为太后的慈禧，日用饮茶碗是一件光素的白玉茶碗，再配以茶托。因玉茶碗取料属宝石类，可供收藏赏玩，所以有时成对制作。

同治款金双喜团寿字茶碗〔图 7-27〕，口径 9.6 厘米、足径 5.2 厘米、高 5.2 厘米。碗敞口，深腹，敛底。碗内壁光素，外壁口沿、圈足分别錾刻回纹，腹部在"卍"字不到头的纹饰上刻"双喜"字与"团寿"字，底部镌"同治十一年"款。茶碗制作中施以锤錾工艺，其造型规整，图案主题鲜明。清同治

[图7-27] 同治款金双喜团寿字茶碗

十一年〔1872年〕九月举行大婚典礼，为此宫廷特制办一批金质餐饮具，此茶碗即是其中的一件。

4. 茶碗制作与使用

清宫选用优良的材质制作各式精美的茶盏，是宫内饮茶具的一大特点。如白玉、玛瑙、玳瑁等，这些材质对人体颇为有益。玉茶碗，早在古代就有玉能补心养神之说。时人会将玉磨成玉屑，再辅以其他草药煮水饮用，用以明目、去烦躁。实验证明，将玉放入水中煮，或在玉碗内放入开水，带有玉气的水对人也同样有保健作用。以此可见，清宫廷的玉盖碗、玉茶盅等茶具，不仅仅是用料华贵，同样有益于人体的健康。玳瑁茶碗，玳瑁属龟类动物，龟背的鳞甲是有机物，不仅具有药用性——预解痘毒等，而且鲜艳的光斑色令人着迷，经加工处理后，便成为制作饰品的珍贵材料之一。在汉代《孔雀东南飞》中就有"头上玳瑁光"的诗句，见证了玳瑁早已被划入宝石类。以这样稀有物质做成茶碗，有益祛除人体毒气，实属珍贵。玛瑙，古代视为"七宝"之一，硬度超过水晶，纹理细腻，纹带美丽，是理想的工艺品原料。由于玛瑙中含有铁、锌、镍、铬、钴、锰等多种微量元素，所以，《本草拾遗》记述："主辟恶，熨目赤烂。"《纲目》中载："主目生障翳，

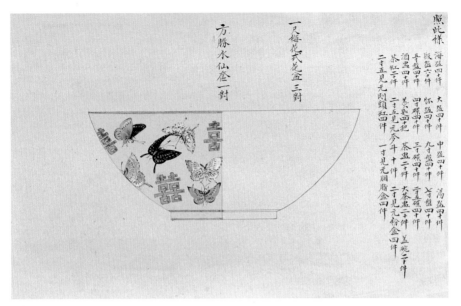

[图7-28] 黄地金双喜五彩百蝶海碗图样

为末，日点。"《本草经书》有："玛瑙同珊瑚焙为末，点目去翳障尤妙。"

宫廷茶具即使取用大众化材料，也是不断创新。以瓷器为例，清朝保留了前人的素色釉、青花、釉里红、青花釉里红、五彩、斗彩等品种。其中，斗彩是一种创烧于明代的彩瓷，至清代斗彩技术趋于成熟。康熙皇帝在位期间，曾大量仿制明代成化的斗彩瓷，同时也制造出粉彩、画珐琅等新品种。粉彩是釉上彩品种之一，与五彩相对而言，故亦称软彩，创烧于康熙晚期，成熟于雍正、乾隆两代。粉彩在彩绘中以渲染表现明暗，使每一种颜色都有不同层次的变化。《饮流斋说瓷》中说："软彩又名粉彩，谓彩色稍淡，有粉匀之也。"粉彩的施绘工艺是先用含砷的"玻璃白"打底，彩料用芸香油调合，其成品粉彩艳丽而清逸。饮茶具在这些精细技巧的运用下，更能彰显出其华美异常。

宫内饮茶具制作不仅注重器形，也极讲究纹样的装饰。以清晚期制作器皿设计的图样为例，这些图样有的直接为饮茶具而绘制，有的是为制造其他器物而作。

黄地金双喜五彩百蝶海碗图样〔图7-28〕，图样右侧墨书中题："照此样，茶盅二十件，大茶盅二十件，盖碗二十件，茶缸二十件等。"纹样在明黄地上勾出"囍"字，填以金色。字间穿插各式彩蝶。"囍"是一种吉祥图案而非

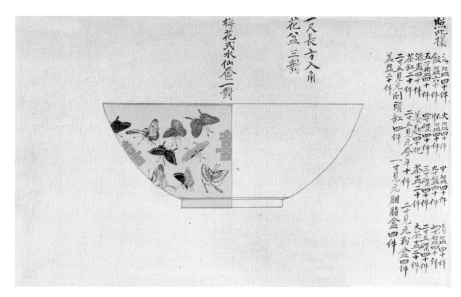

[图7-29] 黄地百蝶双喜字海碗图样

文字。《说文》："喜，乐也。"古时称喜为"怠藻"，《后汉书·杜诗传》："将帅和睦，士卒怠藻。"李贤注："言其和睦欢悦，如怠之戏于水藻也。""囍"字图案突出了欢喜吉庆的寓意，经查证这是专为同治皇帝大婚所用的瓷器而设计。

　　黄地百蝶双喜字海碗图样〔图 7-29〕，图样右侧墨书中题："照此样，茶盅二十件，大茶盅二十件，茶缸二十件。"图样中明黄地上绘墨蓝、青绿、褐色等各类蝴蝶，上下纷飞，形态各异，间饰金色"囍"字，其中"蝶"与"叠"谐音，有重叠之意，寓意双喜临门。图案纹样饱满，布局紧凑，施色明丽。"囍"字点明名该图样为同治皇帝大婚用瓷而特别设计。

　　红地金喜字海碗图样〔图 7-30〕，图样右侧墨书中题："照此样，茶盅二十件，大茶盅二十件，盖碗二十件，茶缸二十件。"纹样在红地上饰以金色"喜"字，并等距排列，显得富丽喜庆。可知这是为特殊活动而设计的茶具图样。

黄地喜鹊梅花海碗图样〔图 7-31〕，图样右侧墨书中题："照此样，茶盅二十件，大茶盅二十件，盖碗二十件，茶缸二十件。"图中在黄地上绘梅花和喜鹊，梅花枝干虬曲劲挺，枝条上怒放着桃红与白色相间的梅花。八只喜鹊，或翔或栖，姿态生动，刻画细腻。纹样饱满，设色明快。图中喜鹊与梅花的构图别有深意，《开元天宝遗事》即云："时人之家，闻鹊声皆以为喜兆，故

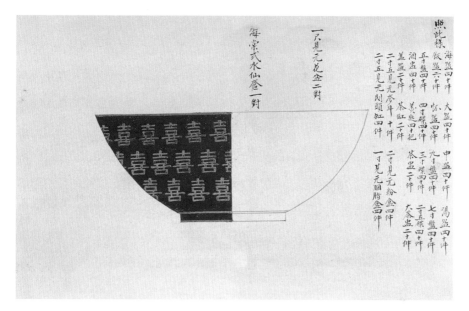

一尺見元花盌二對

海棠式水仙查一對

照此樣
海盌四十件
飯盌六十件
大盌四十件　中盌四十件　湯盌四十件
五寸盤四十件　怀盌四十件
九寸盤四十件　七寸盤四十件
四寸碟四十件
酒盅四十件　三寸碟四十件
盖盌二十件　二寸五碟四十件
羮匙四十件
茶缸二件　茶盅二件　大茶盅二十件
二寸五見元粉盒四件
二寸見元臙脂盒四件
一寸見元則頭紅四件
一寸見元臙脂盒四件

[图7-30] 红地金喜字海碗图样

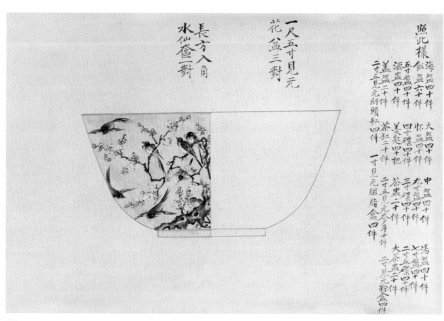

一尺五寸見元
花盌三對

長方入角
水仙查一對

照此樣
海盌四十件
飯盌六十件
大盌四十件　中盌四十件　湯盌四十件
五寸盤四十件　怀盌四十件
九寸盤四十件　七寸盤四十件
四寸碟四十件
酒盅四十件　三寸碟四十件
盖盌二十件　二寸五碟四十件
羮匙四十件
茶缸二十件　茶盅二十件　大茶盅二十件
二寸五見元參茶盅十件
二寸五見元則頭紅四件
二寸見元粉盒四件
一寸見元臙脂盒四件

[图7-31] 黄地喜鹊梅花海碗图样

谓喜鹊报喜。"梅既能于老干上重发新枝，又能凌寒开花，故用来象征不老不衰。喜鹊与梅花相配合，借"喜""梅"二字的发音，寓意"喜上梅〔眉〕梢"。这是宫内专为同治帝大婚用瓷设计的图样，与皇帝大婚的喜庆气氛相得益彰。值得提出的是，这类题材的图样并不限于这一种，而是图案布局与色彩不断变化，令人百看不厌。这也从侧面反映出，这类装饰的茶具，除在皇帝大婚中特别烧制一批外，在应景的初春或其他喜庆的日子，也是常用的茶具。

黄地五福捧寿海碗图样〔图 7-32〕，图样右侧墨书中题："照此样，茶盅二十件，大茶盅二十件，盖碗二十件，茶缸二十件。"画样在黄地上，绘蓝色蝙蝠环绕篆体团"寿"字，红、绿两色锦带缠金色"卍"字。碗外口缘与足部描粉红相间的寿桃，并衬绿叶。这是一个充满吉祥如意的纹样，"卍与寿"字组成万寿，"卍"与"蝙蝠"构成万福，若将三者合一，则寓意福寿万年。如此讨人喜爱的图案，无论是宫内祝寿，还是喜庆之日都少不了将它派上用场。

藕荷色地锦上添花茶缸图样〔图 7-33〕，这是清晚期宫内烧制茶缸的设计图案。器物为圈足，深腹，周身以藕荷色为地色，上满绘蓝、绿、黄、紫、白等色彩的花叶纹。饱满的花卉、繁茂的枝叶覆盖在器物的表面，有如繁花似锦，令人眼花缭乱，象征了生活美满的意愿。

黄地百蝠海碗图样〔图 7-34〕，图样右侧墨书中题："照此样，茶盅二十件，大茶盅二十件，盖碗二十件，茶缸二十件。""蝠"与"福"同音，寓多福之意。以这种题材装饰的茶具，不受空间、时间的限制，素日、祝寿或年节等喜庆活动中，都是讨人喜爱的饮具。

黄地万寿无疆海碗图样〔图 7-35〕，图样右侧墨书中题："照此样，茶盅二十件，大茶盅二十件，盖碗二十件，茶缸二十件等。"图样绘蓝、红、绿三色祥云，万、寿两字并做圆形开光，间饰蓝红色锻带缠绕"卍"字，下方绘彩色海水江崖。整幅图案寓意江山万代、万寿无疆。

藤萝月季花鱼缸图样〔图 7-36〕，右上侧黄签中题："照此样浅绿地盖碗四十件，茶碗四十件。"纹饰上分别绘月季、藤萝和雀鸟。图中花卉盛开，雀鸟啼鸣，展现出鸟语花香的自然景象。清宫内向有应景之做法，皇后等人若是在春夏季择此图案的茶具饮茶，当是惬意不过了。

上述以喜字、蝴蝶为主题图案的茶盏，多是清宫大婚等喜庆事宜备用的器具；以蝙蝠、寿字、桃为主题图案，多为宫中皇太后、皇帝生日而特别制

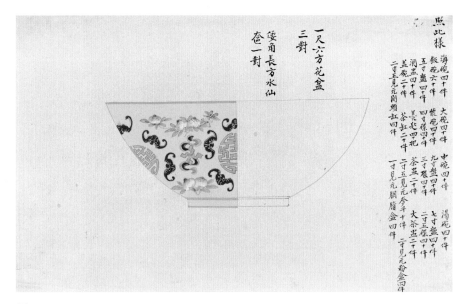

照此樣　海碗四十件　大碗四十件　中碗四十件　湯碗四十件
飯碗六十件　懷盤四十件　七寸盤四十件
五寸盤四十件　九寸盤四十件　三寸碟四十件
洞盞四十件　四寸碟四十件　二寸碟四十件
蓋碗二十件　羹匙四十把
二寸五分元令茶盅二十件　大茶盅二十件
二寸五分元刷頳缸四件　茶盅二十件
一寸見元胭脂盒四件　二寸見元粉盒四件

一尺六方花盆　三對

矮角長方水仙　盆一對

[图7-32] 黄地五福捧寿海碗图样

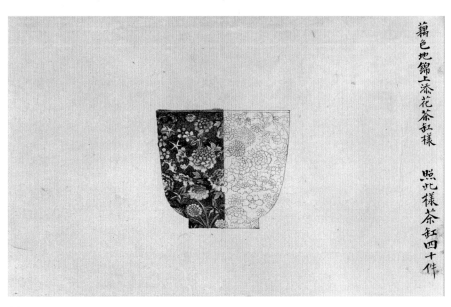

藕色地錦上添花茶缸樣　照此樣茶缸四十件

[图7-33] 藕色地锦上添花茶缸图样

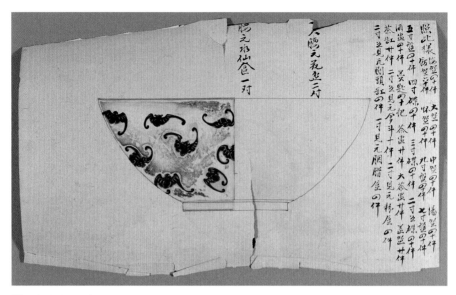

[图7-34] 黄地百蝠海碗图样

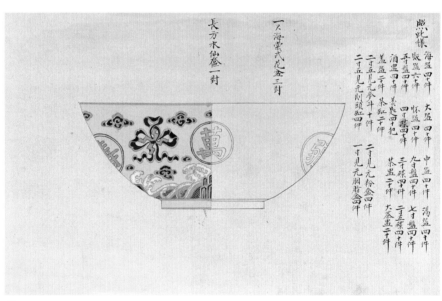

[图7-35] 黄地万寿无疆海碗图样

[图7-36] 藤萝月季花鱼缸图样

作，应祝贺场合而供用；以瓜瓞绵绵为主题图案，祈盼子孙万代，祖业兴旺。再如不同季节的花卉、候鸟等巧妙组合，寓有迎春、长寿、吉祥之意，从中体现出帝、后饮茶具追求的艺术品味。但是茶盏中也不乏有素色、粗瓷一类。尽管它们没有华丽的外衣，胎质厚重，但是仍不失为是宫内重要的饮茶具。金属类的茶盏，如银、铜、锡等，瓷器中有大量粗瓷茶盅，是帝、后于谒陵、木兰秋狝、大丧礼中的祭奠或南巡时行囊中必带的饮茶具，或者出现在佛堂神圣境地。如乾隆四十一年〔1776年〕四月二十一日奏为驾幸热河备带物件中"皇上粗茶盅十个、皇太后粗茶盅十个"[1]。乾隆三十八年〔1773年〕正月十七日，为皇太后巡幸天津备带物品中，粗茶盅六十个。[2]乾隆三十五年〔1770年〕二月初九日，谒陵备带物品清单中列有：皇上粗茶盅六十个。[3]祭祀方面，寿皇殿西次间供奉"茶碗三件，红瓷白鹤一、黄福万寿一、青花白

[1] 中国第一历史档案馆：《奏案 05-0325-075：关于驾幸热河备带物件的文件，乾隆四十一年四月二十一日》。
[2] 中国第一历史档案馆：《奏销档 317-106-1：奏为皇太后巡幸天津备带物品事折，乾隆三十八年正月十七日》。
[3] 中国第一历史档案馆：《奏案 05-0274-029：呈报此次谒陵备带物品清单，乾隆三十五年二月初九日》。

瓷一"[1]。"建福宫佛堂茶碗七件、茶缸三件"，乐寿堂佛堂中"乾隆瓷珐琅佛日常明茶碗四十件"[2]。铜锡类茶盏，也是日常饮茶具之一。茶盏在不同的功用中，以皇帝赏玩为目的的制品最为精美；以帝、后最高身份所用盏具最为华贵。至于佛供、祭祀、祭奠等项目中，有的饮茶具极为精美，而有的则是普通类，有关这方面使用的规律，还需进一步考证。

综上，宫内制茶盏类饮具必有专人设计，材质上乘与普通类相结合，装饰题材不拘一格，功用广泛，所有这些均与饮茶、用茶习惯息息相关。宫廷部分的茶文化也即孕育、发展于其中。

[1]　故宫博物院藏：《寿皇殿西次间供奉陈设档·同治十年》。

[2]　故宫博物院藏：《乐寿堂佛堂陈设供器》。

第八章　清宫茶具（下）

第一节 茶壶

1.茶壶溯源

茶壶，作为茶具之一，它的诞生、发展以及使用功能的演变，与饮茶的方式息息相关。历代制作的茶壶，在注重使用功能的同时，也从不忽视艺术欣赏性，成为融实用与艺术为于一体的典范。

茶壶本是由酒注子发展而来，故又有水注子之称。其问世源于料理茶水，并且随着时代的变化，出现不同的称谓。唐朝称之为水注子、汤瓶、偏提、把壶等。这类茶具之所以在唐朝得到发展，皆因时人采用煎茶法，即将茶团碾成末，再用茶釜煮，之后汤内放盐、葱等辅料饮用。这其中壶形的用具旨在往釜内加水，为辅助性用具，所以形体不一，称谓多样。晚唐人们在烹制茶的过程中，开始以汤瓶盛水烧沸，点盏中的茶末而饮，这一过程称为点茶。点茶法出现，水注子烧制的数量有增无减，式样也不断更新。现存世的越窑烧造的青釉葫芦瓶〔图 8-1〕、青釉横把壶及寿州窑执壶等，即是唐朝典型水注类用具。

宋代的茶叶主要分为两类：圆形片茶、草茶。最奢华的片茶当属福建建瓯凤凰山一带的北苑茶。这里是宋皇室的贡茶区，制茶工艺比唐代茶饼要精细得多。草茶加工相对简单，也就是炒散茶之滥觞。同时兴起的斗茶、分茶、茶百戏带有娱乐性茶饮，但煮饮方式仍是点茶法，即碾成茶末，点汤饮用。这也直接影响到茶具的称谓和烧造的式样。有关这方面内容的书，不能不提到审安老人的《茶具图赞》。书中称水注子为"汤提点"。宋徽宗在《大观茶论》书中，认为汤提点质量的优越制约着茶汤的好坏，可知它的重要性。关于这种茶具，同时期还有执壶、水注子、汤瓶等称谓。它的造型是在唐朝水注子的基础上演变而来，壶身较长，曲柄，长曲形口流。体积大小既方便主人执起，又有一定容水量，总的来说，比后人用茶壶普遍偏大。北宋徽州窑烧制的青釉刻花水注子、宋代越州窑烧制的青釉执壶、宋龙泉窑烧制的青釉水注子，以及宋代烧制的影青瓜棱形执壶，均为宋代常用汤提点一类的茶具。

元代为少数民族统治时期，在饮茶上与汉族传统方式有着本质的区别。当然，在接受汉文化的同时，也有些改变，反映在茶具烧造的技术、品种、

[图8-1] 越窑青釉葫芦瓶

[图8-2] 宣德款青花云龙纹瓜棱执壶

式样等方面多有变化。元代与唐宋时期饮茶法不同之处在于，常饮用散茶。元代耶律楚材在《西域从王君玉乞茶》中就有"玉屑三瓯烹嫩蕊，青旗一叶碾新芽"的诗句，说明当时社会上层统治者已开饮用散茶之风。此时，水注子等茶具仍属重要的烹茶用具。

明代是水注子类造型和使用功能重要的转变时期。明初，洪武二十四年〔1391年〕罢造龙团凤饼，"惟采芽茶以进"，从此进入了饮散茶的时代。直至今日，烹制散茶时只将茶叶放入壶中，以沸水沏之而饮。这一特点随之也带动了各种烹茶、饮茶等器具造型的改变。明代汲取了唐、宋、元时期水注子、汤瓶的合理元素，定型由壶身、柄、流组成。同时又因料理烹茶中只需摆放在桌上，于是奠定了茶壶的体积以小为宜的基调。但明代的茶壶仍表现出体积偏大的特点，如宣德款青花云龙纹瓜棱执壶〔图8-2〕，口径4厘米、底径5.7厘米、高13.5厘米。壶的体积明显偏大、略显笨重。若从历史沿革考究，明代制茶壶受前人影响是必然的，但同时也为清代茶壶制作提供了可借鉴的经验。因此，明代茶壶制作起到承上启下的作用。

2.清宫茶壶的制作

清代，是继明代之后又一大量制造茶壶的时代，制品在借鉴前人制壶工艺的同时，也有创新。尤其是宫廷内伴随着饮茶活动的盛行，茶壶的制造从未间断过，其工艺、技法均达到巅峰。呈现这一局面有其重要的成因。宫内茶壶的制造，如同其他器皿制造一样，直接受到皇帝的关注。为得到优良的茶壶，对于茶壶造型的选定尤为重要。早在宋代，宋徽宗就提出"注汤害利，独瓶之嘴口而已。嘴之口差大而宛直，则注汤力紧而不散；嘴之末圆小而峻削，则用汤有节而不滴沥"[1]。清代民间，制茶壶讲究口流设计要合理，这是因为："凡制茗壶，其嘴务直，购者亦然，一曲便可忧，再曲则成弃物矣。盖储茶之物与储酒不同，酒无渣滓，一斟即出，其嘴之曲直可以不论；茶则有体之物，星星之叶，入水即成大片，斟泻之时，纤毫入嘴则塞而不流。啜茗快事，斟之不出，大觉闷人。直则保无事患矣。即有时闭塞，也可疏通，不似武夷九曲之难力导也。"[2]清寂圆叟撰《陶雅》说，陈曼生设计的"十八壶式"如壶谱，客观上对茶壶设计起了很好的借鉴作用。所以有人评述"陈曼生壶，式样较为小巧，所刻书画亦精，壶嘴不淋茶叶，一美也；壶盖转之而紧闭，抬盖而壶不脱落，二美也"。综合上述评判，制茶壶强调造型，其中壶嘴的形状尤为重要，设计合理的壶嘴于令茶水畅通，又不至于将茶叶倾倒出来；同时，茶壶中盖与壶身的衔接要有章法，以严丝合缝为佳，目的在于保存茶的香气。

至于清帝，对茶壶质量的要求不亚于民间的行家，在谕旨造办处造茶壶的具体要求中，需要在画花样中多次修改，甚至有的还要在实物的基础上再改进，直至皇帝满意方可制造。以雍正为例："雍正七年八月初七日圆明园来帖内称，闰七月三十日郎中海望持出素宜兴壶一件，奉旨此壶把子大些，嘴子亦小，著做木样改准，交年希尧烧造。"雍正十年〔1732年〕，太监交宜兴壶四件，外画洋花纹，雍正提出"此壶画的款式略蠢些，收小些做好呈览"[3]。雍正不仅有着与民间相同的标准，同时还汲取外来的相关理论。清初，宫内西

[1] 〔宋〕赵佶：《大观茶论》，《中国茶叶历史资料选辑》，北京：农业出版社，1981年。

[2] 〔清〕袁枚：《随园诗话》，呼和浩特：远方出版社，2004年。

[3] 朱家溍选编：《养心殿造办处史料辑览》，辑一，北京：紫禁城出版社，2003年。

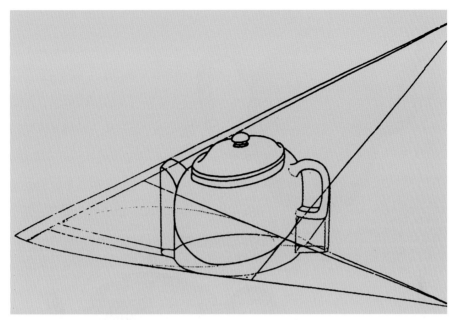

[图8-3] 《视学》中制壶透视图

洋画家郎世宁与朝廷官员曾合译一本《视学》，内有茶壶的透视图〔图 8-3〕，图中壶的比例合理，造型美观。可以说此书不失为宫内制壶的一大法宝。清帝凭借手中的理论书，再结合民间实践的经验，以全方位的角度审视，使得成品的实用性与艺术性得到完美结合。

3. 清宫茶壶的特点

〔1〕装饰丰富。纹样装饰是成品的艺术体现之一，所以设计各类壶的图案，大多按照皇帝的旨意，竭尽能事去完成。瓷茶壶在装饰上分单色釉与彩色釉两大类。瓷器中单色釉的装饰技法，早在 3000 年前的商代就已问世，并随着人类制瓷技术的发展，釉色得到了不断的丰富。至清代已发展成红釉系、蓝釉系、黄釉系、紫色釉、青色釉、白色釉、黑色釉以及窑变等。清宫，单色釉茶壶中，仿古的占有一席之地，但制造不拘泥于原作，往往加入本朝的创新元素，使作品更具有艺术生命力。如雍正款白釉茶壶〔图 8-4〕，通高14.5 厘米、底径 6.5 厘米。白釉壶实际是创烧于元代的"卵白釉"，釉色均匀莹润。纤巧的造型宛如婷婷玉女，整个器物美不胜收。此壶为宫廷单色釉壶的代表作，从中可窥见宫内造型各异、精美绝伦的单釉茶壶。

[图8-4] 雍正款白釉茶壶

[图8-5] 乾隆款粉彩瓜棱壶

　　花卉纹类，常见有瓜瓞绵绵、松竹梅、冰梅纹、菊花、莲花、牡丹、山茶花、月季、荷花、团寿字。这些花纹布局合理，色彩鲜明，寓意吉祥。乾隆款粉彩瓜棱壶〔图 8-5〕，六瓣，耳形柄，长口流，矮圈足，鼓盖，金纽。壶通体为粉色地，壶身纵向彩画瓜、叶纹，流与口处彩绘蜿蜒的枝蔓纹，圈足绘一圈仰莲纹。瓜与蝶的组合构成传统纹样中的瓜蝶绵绵。瓜蝶绵绵，原为瓜瓞绵绵，语出自《诗·大雅·绵》之 "绵绵瓜瓞，民之初生，自土沮漆"，又孔颖达疏："中大者曰瓜，小者曰瓞。"蝶与瓞同音。后人根据文字记载并借助谐音将两者有机结合，形象地表现出 "子孙万代" "子孙昌盛" 的吉祥寓意。壶之花纹满密有序，施色雅丽，与动感的造型相映成趣，尤其是金色壶纽如画龙点睛，为茶壶增色不少。

　　康熙款青花松竹梅图茶壶〔图 8-6〕，口径 6.8 厘米、足径 7 厘米、通高

[图8-6] 康熙款青花松竹梅图茶壶

8.8厘米。茶壶在装饰上颇有技巧，用青花釉绘画的松竹梅，线条简练。壶流作竹节形，盖纽作旋拧的竹节，此两处与主图案的松竹梅相得益彰，深化了主题。在施色上，以深浅色表现植物细腻的纹理，同时在流、柄与盖纽三部分上采用深蓝色，与壶身洁白的地色相呼应，有效地增加了艺术感染力。花纹中的松竹梅又称"岁寒三友"，向为文人所崇尚。宋代苏东坡有"风圈两部乐，松竹三益友""宁可食无肉，不可居无竹"；又如古人画梅、竹、石，题谓之："梅寒而秀，竹瘦而寿，石丑而文，是三益友。"自然界中的竹松经冬不凋，梅则耐寒开花，故有岁寒三友之称。茶壶寓意深刻，装饰风格简练，施色素雅大方，尤其是水平状的壶盖，是古代执壶盖造型的再现。

花鸟纹类，是传统装饰纹样之一。清宫茶壶中的花鸟纹，在皇帝的关注下，别有一番特色。如珐琅彩赭墨地开光花鸟图茶壶，壶身以赭墨色翻卷的花叶纹为地，壶盖满绘赭墨色翻卷花叶纹。壶正反两面开光，在素白的地色上一面主图案为饱满的谷穗与两只鹌鹑，辅之以湖石、花卉等；一面主图案为枝叶繁茂的翠竹中，两只喜鹊一上一下相向鸣叫，其间也有湖石、花卉点缀。开光内的谷穗与鹌鹑，本谐音为岁岁平安，但因有两只鹌鹑，故被称为"岁岁双安"；竹子与喜鹊谐音为节节报喜，也因是两只喜鹊，故又称之为"节节双喜"。画面吉祥寓意十足，施色淡雅，观之令人顿生愉悦。

花蝶纹，如雍正款画珐琅花蝶纹壶〔图 8-7〕，壶身在蓝色地上满绘花纹，

[图8-7] 雍正款画珐琅花蝶纹壶

主图案为蝴蝶，以缠枝花卉作辅助。中心图案采用"一整二破"的构图法，两只蝴蝶以"S"形体态表现，寓意出"喜相逢"。周围缠枝花卉饱满，枝蔓灵动。花纹颜色丰富，冷暖色对比鲜明，极大提高了视觉冲击力，是为装饰纹样中的得意之作。

人物、景致与诗文类。在宫内以与茶有关的御制诗作装饰，或同时加以人物景致纹样，当是朝廷制壶中的一大特色。茶具中的御制诗，来自于皇帝品茗中有感而作。如乾隆曾多次于正月在重华宫举行茶宴，宴席上饮用三清茶，皇帝以此为题作诗，并将其装饰在茶具上；乾隆帝曾于夏季到避暑山庄，命人晨曦收集荷花上的露珠用以烹茶，并以此作诗，于是宫廷便有了以荷露烹茶御制诗为内容的茶壶。再如，乾隆七年〔1742年〕一个夏至的早晨，乾隆帝至地坛祭拜后，在返回圆明园的途中正值细雨霏霏，乾隆身着便装，乘坐题为"卧游书室"的船，沿途观赏着雨雾中若隐若现的西山景色，宛如置身于南宋画家米芾的写意山水画境中。在如醉如画的景致中，乾隆帝品味清茶，茶助诗性，借景入诗，于是写下了这首《雨中烹茶泛卧游书室有作》诗，并将此诗绘在瓷、紫砂茶壶上作装饰。以乾隆款粉彩开光人物图茶壶〔图8-8-1、8-8-2〕为例，口径5.5厘米、底径6.3厘米、通高12.6厘米。茶壶一

[图8-8-1] 乾隆款粉彩开光人物图茶壶

[图8-8-2] 乾隆款粉彩开光人物图茶壶

面以"雨中烹茶"为主题构图，画中在开光内以界画手法绘庭榭，周围山石、芭蕉叶点缀，远处山水相连。亭榭内老者坐在宝座床上，眺望远方。另有一童子正为主人烹茶。茶壶另一面在藕荷色地上彩绘皮球花，开光内饰乾隆七年夏至的《雨中烹茶泛卧游书室有作》御制诗："溪烟山雨相空蒙，生衣独坐杨柳风。竹炉茗碗泛清濑，米家书画将无同。松风泻处生鱼眼，中泠三峡何

[图8-9] 嘉庆款青花开光诗文茶壶

须辨。清香仙露沁诗脾，座间不觉芳堤转。"句末钤圆形篆文"乾"字、方形篆文"隆"字印章款。此外，还有雪水烹茶的内容、试头纲贡茶的感受。

嘉庆款青花开光诗文茶壶〔图 8-9〕，口径 6.3 厘米、底径 7 厘米、通高 17.5 厘米。茶壶通体为青花装饰，主花纹为缠枝莲花，壶肩与近足处饰莲瓣纹，壶身两面正中开光内楷书嘉庆御制《烹茶》诗："佳茗头纲贡，浇诗必月团。竹炉添活火，石吊沸警湍。鱼蟹眼徐飚，旗抢影细攒。一瓯清与足，春盎避轻寒。"诗中反映出嘉庆帝对新到宫中的贡茶有品鉴的习惯，进而表现出皇帝对烹茶、饮茶用的各种茶具以及品茗后的感受。茶壶釉色莹润，花纹布局疏朗。壶中的莲花纹图样是随佛教而传入的，魏晋南北朝时佛教艺术在中国大为盛行，莲花便作为佛的象征而广泛出现在中国的工艺品上，并有多种表现形式，其中莲花朵上下周转，枝叶相互缠绕成图案，被称为缠枝莲，莲花象征纯洁，又因枝蔓连绵不断而寓生生不息之意。御制诗文字在缠枝莲花的簇拥下，也增加了几分妩媚。

〔2〕品种多样，工艺复杂。宫廷制茶壶的材质，除以瓷居多外，还有紫砂、玻璃、玉、珐琅、银、铜、锡等。这些不同材质的壶在制作中施以刻画、捶鍱、施釉、描画等不同工艺。同材质中，也有创新工艺。以瓷茶壶为

[图8-10] 青花釉里红四桃纹壶

例，因不同的配料与烧造技术，就可分出素色釉、青花、青花釉里红、五彩、
斗彩、粉彩、珐琅彩等多种瓷的茶壶，其中粉彩、珐琅彩为清代所独有。

　　① 瓷茶壶。清宫烧制的瓷茶壶，类别多样，各有千秋。釉里红是元代
江西景德镇创烧的一种釉下彩，是继青花之后的又一个品种。此工艺始于元
代，明代达到成熟阶段，清代精品不断，宫廷在烧造釉里红的茶具中，有
与青花相配伍的青花釉里红工艺。如青花釉里红四桃纹壶〔图 8-10〕，口径
8.4 厘米、足径 7 .7 厘米、通高 12 厘米。壶浑圆，壶两侧分别置弯流与曲
柄，壶圈足外撇，壶盖凸宽边中心下凹，上以四果实为盖纽。壶通体在青花
釉色地上饰凸起的连环纹。做盖纽的四桃子造型饱满，形象逼真。茶壶在施
色中，蓝与白、蓝与红相互托衬，可见幽静、沉稳。纹样中凸起的连环纹
充满了动感，顶部隆起的桃实为静态，一动一静对比中使茶壶更具欣赏性，
而其洁白光素的柄流，更为茶壶增添了亮点。此茶壶设计独到，色彩清雅，
纹样脱俗。

　　五彩，彩瓷品种之一。"五彩"意为多彩，一般来说其中必含红彩。按
生产工艺之不同，通常人们将五彩分为釉上五彩和青花五彩两大类。五彩是
在宋元釉上加彩的基础上发展起来的。明宣德时已有五彩，但明代釉上彩以

红、绿、黄三色为多，嘉靖、万历时期的官窑釉上彩瓷，以釉下青花和釉上多种彩相结合，称青花五彩。清康熙朝发明了釉上蓝彩、金彩和光亮如漆的黑彩，使釉上五彩成为彩瓷的主流。自雍正朝始，粉彩盛行，五彩只作为仿古瓷少量生产。五彩烧成温度略高于粉彩，不如粉彩有柔软感，故又称"硬彩"或"古彩"。当年宫中刻意加工烧制这类茶壶，如康熙五彩竹雀诗句纹茶壶、雍正款五彩瓷茶壶[1]、嘉庆款五彩茶壶[2]、嘉庆款黄地五彩茶壶等。[3]

斗彩，即釉下青花与釉上彩相结合的彩瓷品种。始见于明代宣德年间，成熟于明成化年间。成化釉上彩一般有三四种，多则达六种以上，色彩较鲜艳。

粉彩属于釉上彩，特点是在彩料中加入了名为"玻璃白"的白色彩料，并给人以"粉"的感觉而得名。这项工艺问世于清康熙朝，至雍正、乾隆年间趋于成熟。宫廷的粉彩茶壶，造型各异，装饰题材丰富，色彩雅丽，是众多茶壶中的佼佼者。如乾隆款绿地粉彩开光菊石纹茶壶〔图 8-11〕，口径 6.5 厘米、足径 9.2 厘米、高 13 厘米。主图案为白色开光内饰菊花、湖石、灵芝。辅助图案为绿色地上绘彩色皮球花。主画面采用写实的手法绘金黄、藕荷及浅黄色的花朵，花纹枝叶繁茂，五彩缤纷。但整体花纹艳而不浓，恰如其分地表现出粉彩工艺的特色。

珐琅彩是彩瓷工艺之一，特点是将铜胎画珐琅的彩料画在瓷胎上，再经过低温烧造，使瓷器表面出现珐琅彩的画面。这种工艺难度大，釉料最初来自西方，雍正时期几经试制取得成功。但无论哪种来源，造价均极为昂贵，况且原料极为有限，非民间可得。所以，清代画珐琅工艺的瓷器烧造，只限于宫廷之中。珐琅彩的瓷器中，不仅有瓷类茶具，而且在康熙时期，还曾将此技术运用在紫砂茶器中。清宫烧造这类茶壶，就画面内容而言，或单件绘画，如"瓷胎画珐琅时时报喜茶壶一件"，或成对烧造，如"瓷胎画珐琅节节双喜白地茶壶一件"。这些茶壶精心设计，严格工艺，件件堪称得意之作。现藏品中珐琅彩胭脂彩茶壶〔图 8-12〕，口径 6.9 厘米、底径 7 厘米、高 11.8 厘米。壶通体以胭脂色装饰，局部饰白色珐琅花纹。胭脂彩又名胭脂水，如

[1] 《故宫物品点查报告》，第三编，册四·体顺堂部分。

[2] 《故宫物品点查报告》，第二编，册七·毓庆宫部分。

[3] 《故宫物品点查报告》，第二编，册九·敬事房部分。

[图8-11] 乾隆款绿地粉彩开光菊石纹茶壶

[图8-12] 珐琅彩胭脂彩茶壶

女人化妆用的胭脂红，将其施于瓷器上，令人怡悦，为原本单色的珐琅彩增添了妩媚。

②紫砂茶壶。紫砂器由陶器发展而成，是一种新质陶器。紫砂的问世时间，学术界大多持始于宋代、盛于明清的观点。生产紫砂壶的主要泥料出自江苏宜兴南部及其毗邻的浙江长兴北部埋藏的一种特殊陶土，这种陶土含铁量大，有良好的可塑性，烧制温度以摄氏 1100-1200 度为宜。烧制的茶具耐寒耐热，不易烫手，用它炖茶，也不会爆裂。泡茶时既不夺茶真香，又无熟汤气，能较长时间保持茶叶的色、香、味。紫砂茶具除特有的烹茶优越性能外，在制壶匠的娴熟技巧下，可大可小，式样随心所欲，装饰繁简由人。在造型装饰上，制壶匠以刀作笔，所作的书、画、印融为一体，构成一种古朴清雅的风格。尤其在装饰上，由于文人的参与，壶腹上承载着时人的生活情趣。《砂壶图考》曾记郑板桥自制壶，亲笔刻诗云："嘴尖肚大耳偏高，才免饥寒便自豪。量小不堪容大物，两三寸水起波涛。"诸多这样的感慨绘于壶上，使得主人饮茶时手中摩挲，玩味无穷，其精神的享受，难以言尽。正因如此，历史上名人烧造的名壶就有"一壶重不数两，价重每一二十金，能使土与黄金争价"之说。

有清一代，为增添宫廷中帝、后品茶的乐趣，宫内备有最时尚的紫砂茶具。该类茶具的制造分为两步，即先由宫廷出样至地方〔宜兴〕，地方依样烧制成素胎后送至宫廷；再由宫廷造办处画匠按皇帝的旨意再加工，加工内容包括纹样、着色、题款等装饰。于是宫廷用紫砂茶具〔图 8-13〕，装饰内容均体现宫廷艺术韵味，颇具时代特色。清康熙时期的紫砂茶壶的造型、装饰均属一流。如康熙款宜兴胎画珐琅万寿长春海棠式壶，壶盖成卷叶的一朵荷花，壶身花瓣的造型优美，增添了茶壶的美感。在壶腹部外工笔手法绘的珐琅彩画中，以花卉为主，附之桃果等图案。果实饱满，施彩讲究晕色，使之凸显花纹的立体感。不同题材的花纹中，比较集中体现出康熙帝对纹样择选的特点，即将喜爱的花卉、具有吉祥寓意的花绘于其上，经加饰画珐琅彩的工艺，使古朴的陶制茶具穿上了华丽的外衣。花纹规整，色彩俏丽，开紫砂装饰新篇。继康熙之后，雍正帝热衷于艺术品的追求，对于器物的制作要求甚严，对制品中出现的瑕疵从不迁就，因此客观上成就了新奇独特制品的问世。茶具制作十分讲究比例、式样与装饰。现有收藏品有两类风格的制品，一是素胎上施釉彩画，如宜兴窑紫砂黑漆描金彩绘方壶；另一类以素面紫砂壶为主，如宜兴窑柿蒂纹扁圆壶、宜兴窑端把壶、宜兴窑扁圆壶、宜兴窑圆壶等。这两种风格的紫砂茶壶中，以后者居多，体现了雍正皇帝制壶的准则，即造型端庄，意在古朴形态中达到脱俗的境界。

至乾隆皇帝，制造的紫砂茶具数量有增无减。这一时期的制品与康熙、雍正时期制作的风格有所不同，一方面保留了在该器物上施色釉彩画的装饰法，另一方面坚持返璞归真的原则，即保留茶器的原貌。但在装饰上，施以刻画技法，将人物、山水、诗句跃然其上。紫砂茶具于古朴、雅致、宁静中偶见华丽，在众多茶具中独树一帜。以乾隆款紫砂胎黑漆描金花卉纹壶〔图8-14〕为例，壶圆口，鼓腹，下敛底，环形柄，短弯流，盖凸起，宝珠钮。通体饰黑髹漆，局部是金漆彩绘。壶主题图案绘金漆菊花，加饰红色花叶，壶盖绘

[图8-13] 紫砂茶壶

[图8-14] 乾隆款紫砂胎黑漆描金花卉纹壶

竹、菊，流、柄均绘彩蝶、菊花、竹叶。底部有篆书"大清乾隆年制"款识。壶的造型简练，彩画中大量选用了代表富贵的金漆，为器物增色不少。花卉纹饱满，纹理细腻，枝叶逼真，画风规整。无论是画的意境，还是着色的搭配，都不失用心设计的产物。清中期以后，由于各种原因，宫廷对紫砂具制作的数量趋于下降，使得茶具减少，其精品更是甚少。

③玉茶壶。以玉为材质制作茶壶，在明清宫廷中盛行一时。材质分为白玉、青玉、碧玉、墨玉等，其中以和田羊脂玉为优。对于玉，自古人们就赞美有加。许慎在《说文解字》中提到："玉，石之美，有五德。"玉之"五德"即仁、义、智、勇、洁。同时，玉内在的化学成分对于人体清热、压惊等有良好的治愈效果。这些方面的特性，使得帝、后对玉茶具极为青睐。宫廷的玉质茶壶中有青玉云鹤暗八仙纹执壶、青玉竹节纹执壶、青玉光素莲瓣纹执壶、白玉勾云蝉纹有盖执壶、青玉云龙纹有盖执壶、白玉三羊执壶、白玉勾云纹双连柄执壶、青玉寿字花卉凤首龙柄执壶、青玉万寿龙凤莲花方执壶、青玉双龙戏珠寿字执壶、青玉万古长春款有盖执壶、青玉寿字莲花执壶、青玉八莲花鸳鸯盖执壶、青玉灵芝福寿纹执壶、青玉莲花纹活环执壶、青玉芦雁纹执壶、青玉六方执壶、青玉寿字方执壶、青玉莲花式带盖执壶、青玉人物纹长方执壶等。这些玉壶造型美观，装饰复杂，图案含义丰富。综合多方因素，应该说相当数量是用于陈设，专供皇帝赏玩，当然其中也有实用的。

嘉庆款青玉瓜棱纹牛头流执壶〔图8-15〕，口径5.5厘米、底径6.8厘米。壶底圈足、壶身与盖设计为瓜棱形，壶口流为牛头式，壶盖上配以圆柱形纽。壶上方配以金属提梁而替代曲柄，底款镌刻隶书"嘉庆御用"。此壶结构比例合适，造型优美，玉质温润。壶通体未施刻花纹，以其素雅大方而取胜。这件壶原放在"茶库"内，想必当年御茶房太监不知多少次地用这玉壶将烹好的茶水伺候皇帝饮用。另有一件"白玉蟠螭纹带盖茶壶"，造型也为执壶式，底款中有"道光御用"四字，这也是一件皇帝常用的玉茶壶。

④金属类茶壶。宫廷中茶壶质地不拘一格，其中有相当一部分为金属材质，包括铜胎画珐琅茶壶、银茶壶、铜茶壶以及锡茶壶。其中铜胎画珐琅茶壶也为清代创新品种。珐琅，又称"佛郎""法蓝""琺瑯"，是一外来语的音译词。珐琅的基本成分为石英、长石、硼砂和氟化物，与陶瓷釉、琉璃、玻璃〔料〕同属硅酸盐类物质。画珐琅是金属胎珐琅工艺之一，做法是先在红

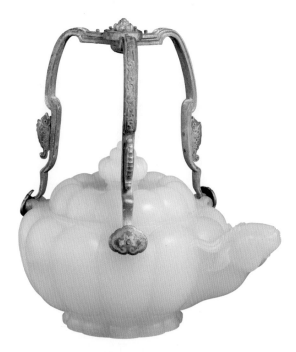

[图8-15] 嘉庆款青玉瓜棱纹牛头流执壶

铜胎上涂白珐琅，入窑烧后，在其平滑的表面以各色珐琅料及金彩绘画图案，再经焙烧而成。这种工艺是清康熙年间，在欧洲画珐琅工艺的影响下烧制成功的。清宫中这类茶壶造型分两种，一是执壶类，如画珐琅花卉纹壶、乾隆款画珐琅提梁壶等；另一类则是无提梁而有曲柄的茶壶，画珐琅花卉夔龙纹壶、雍正款画珐琅花蝶纹壶、乾隆画珐琅花鸟壶等。大凡这类茶壶，如同瓷胎粉彩、珐琅彩茶壶一样，装饰极为讲究。如乾隆款掐丝珐琅开光山水图壶，壶中的掐丝珐琅工艺俗称景泰蓝。以红铜作胎，将很细的铜扁丝掐成花纹后用药焊于器表，再附彩的方法将珐琅釉料填进丝间，经焙烧、打磨、镀金而成。其做工也非常复杂，非一般匠人所能为。这类壶与众多玉茶壶一样，非实用器皿，属摆设赏玩性质的居多。这些精品印证了清宫制壶的高超技艺。

在金属壶中，还有大量的银、铜、锡材质的茶壶，这些壶朴实无华，甚至粗糙，但是就它们的使用功能而言，在宫廷饮茶事宜中却占有独特的位置。《国朝宫史》铺宫中载："皇太后，银茶壶三、皇后，银茶壶三。"银茶壶作为日常的饮具，由宫廷供给，但要依据发放对象的身份等级而规定配额。清初的大臣，记录了康熙帝外出用银茶壶瀹茶的情景，"热河所产樱桃则有红、白种，酸樱桃色味极佳；可捡拾初落榛实，或于山野烧山核桃。茶置于悬吊两马间的火盆，以初融雪水烹茶。"[1]文中提到茶，有两点值得注意。雪水，自古与茶有着不解之缘。早在唐朝陆羽《茶经》中就将其列入优质水的排行榜中，历代茶人皆重视之，所以取雪水烹茶，往往沁人心脾；而放置火盆上的茶壶，必是耐火性强的金属材质，即银、铜、锡等，所以此时康熙帝使用的必是银茶壶。此外，银茶吊、铜茶锅等，均是宫内与饮茶有关的器具。素日帝、后清茶房备有一定数量的金属类茶具，用以烧水、瀹茶，但遇围猎、谒陵、东巡、战争等外出途中，在以个体为主进饮食中，这些体积小、重量轻、便于携带的金属类茶具大有用武之地，无论是烧水、烹茶还是备带路上饮用，件件得心应手，就其茶壶的使用功能而言，这是精美绝伦的瓷茶壶望尘莫及的。

纵观清代宫廷的茶壶，与民间不同之处在于，讲究细节合理设计的同时，更兼顾壶的整体造型艺术。凭借一些细节技术，以及对整壶尺寸比例的纯熟把握，使茶壶式样不断翻新。就壶造型而言，有如鸭蛋形、浑圆形、墩式、瓜形、扇形、方形、长方形、鼓式、菊花形、竹节式、莲花形、鸭梨形、葫芦形、海棠式、圆珠形等不一而足。件件展示个性独特之风韵，但又不失其时尚之特征。由于受到宫廷文化的熏染，所以茶壶的纹饰才有了诗、书、画、印相结合的艺术珍品的呈现。而有些精品制作是将素胎抵运至宫，再由宫廷进行二次加工而成。客观上讲，清宫的各类精品茶壶与民间生产始终呈现出两条平行线，其制品本来源于民间，最终又高于民间，由此为后人留下了耀眼夺目的艺术珍品。

第二节　奶茶具

在清宫茶具的大家族中，奶茶具是特殊的一员。宫廷奶茶具的出现，是饮奶茶的直接产物，形成这一局面是北方少数民族生活习俗使然。清统治者为满族，而满族的前身挹娄、勿吉、靺鞨等先民们喜食肉，也饮乳。唐朝时中原的茶传入游牧民族地区后，逐渐有了奶茶。因茶叶能够补充人体长期缺

① ［美］史景迁：《康熙》，桂林：广西师范大学出版社，2011年。

乏蔬菜而引起的不适，有助于促进肠胃消化，缓解大量食肉而导致的消化不良现象，进而排出体内毒素。所以有"茶叶，中国随地产茶，无足廖异也。而西北游牧诸部，则特意为命，其所食膻酪甚腻，非此物以清荣卫也"[1]之说。满族的先民们也不例外。至金朝的女真人，上至皇帝、亲王、公主，下至百姓，都爱饮茶。泰和六年〔1206年〕尚书省奏"比岁上下兢啜，农民尤甚，市井茶肆相属"。为了遏制"耗财弥甚"[2]的局面，金朝廷命七品以上官员的家中方许吃茶，所以有了"乳拨深炉七品茶"之说，可知金女真人以奶茶为尊。降至清代，满族仍延续先人的饮食习俗，正如《龙江三记》中记载："满洲有大宴会……每宴客，坐客南炕，主人先递烟，次献乳茶。"而入主中原的满族统治者，也依然崇尚奶茶。

清宫内素日必饮奶茶，朝廷规定奶茶可入礼仪，大宴中"国家典礼，御殿则赐茶，乳作汁，所以使人肥泽也"。这类赐茶，首推万寿、元旦〔春节〕、冬至三大节朝廷举行的最高等级的筵宴，在"进茶"仪式中皇帝赐入宴者奶茶。康熙、乾隆两朝举行的千叟宴中，同样有皇帝赐奶茶仪式。在朝廷不同规模、不同名目宴赏蒙古王公的常规性的礼仪活动中，皇帝赐奶茶。在接待外国使者时，也有用奶茶招待的记录。各类祭祀活动中，也会有进献奶茶之举。最为典型的萨满教祭祀仪式中，皇帝要献奶茶。朝廷遇有大丧礼，无一例外地要上供奶茶，依《光禄寺则例》，按逝者的身份，可用银奶桶、铜奶桶等。而奶茶碗则明确规定用木碗，但也有例外用金奶桶的记载。

因清宫素日或重要场合饮用奶茶，奶茶具也自然常会在礼仪中出现。《大清会典则例》中公主下嫁蒙古王公时，其陪嫁品里就有奶茶桶。而皇帝大婚时亦然，在皇帝大婚的大征礼中，皇帝赐父、后母众多礼物中，按《大清会典》规定为"金茶桶一、银茶桶一"，在皇帝大婚图中见证了这一史实。〔图8-16〕朝廷与少数民族首领交往时，在宫廷的礼仪活动中皇帝也会赏赐奶茶具。如康熙帝赏"喀尔喀折卜尊丹巴库图克图金茶桶"[3]、乾隆帝赏"六世班禅三十两

[1] 〔清〕赵翼：《簷曝杂记》，上海：上海古籍出版社，2007年。

[2] 《金史·志第三十·食货四》，卷四十九，北京：中华书局，1985年。

[3] 《圣祖仁皇帝亲征平定朔漠方略》，卷二。

[图8-16 庆宽画载滟大婚典礼全图册

银茶桶一"[1]。档案中不乏有这方面内容的记载。对外国使者也会赏赐奶茶具，乾隆五十八年〔1793年〕，英国使团马戛尔尼来华，在朝廷的赏单中就有"赏正使瓷茶桶一对、瓷奶茶碗一对；副使瓷茶桶一对、副使之子皮茶桶一对、奶茶碗一对"[2]等。在这些礼仪性的活动中，有皇帝赏赐就有臣下进贡。外来少数民族、地方官进贡物中就有茶具，如"准噶尔台吉噶尔丹策零，遣使臣哈柳赍，进玉椀、木椀各一件"[3]。在乾隆帝万寿庆典中，就有和硕显亲王衍潢恭进"金茶桶一个"[4]等。宫内的茶桶在赐与进中，丰富了宫廷奶茶具的品种与相关的地域文化。这些带有礼仪性的活动，客观上为打造其用具厘定了品种、造型与装饰。综观宫内众多场合使用的奶茶具，其品种主要有三大类：

1. 奶茶壶

清宫中的奶茶壶，多以金属为材质，当是保留西北各民族奶茶具传统用料所为。蒙古族、藏族等少数西北民族，地处边疆，以畜牧业为主，经济落

---

[1]《八旬万寿庆典》，卷四十二。

[2]《军机处上谕档》，乾隆五十八年。

[3]《大清高宗纯皇帝实录》，乾隆十年正月。

[4]《万寿庆典初集》，卷五十五。

[图8-17] 银鎏金壶

后，文化闭塞，以传统的手工业为主，而新兴工艺制品则处于缓慢的状态中。同时人的观念仍以金银夸富，喜戴金穿银，做成食饮具端在手中，作为家庭财富的象征，至今西北地区仍有着这种风气。更深层的原因，是北方游牧民族居住地经常迁徙，流动的途中饮食具需耐碰、经磨、经摔，而金属类器皿具备了这些特性，所以，长久以来金属奶茶具成为主流，这一特点在宫廷的奶茶壶中得到充分的体现。

　　宫内常用奶壶有金奶茶壶、银镀金奶茶壶和银奶壶。这些奶茶壶体积硕大，注重装饰。以银鎏金壶〔图 8-17〕为例，口径 11.6 厘米、底径 11.8 厘米、高 28.2 厘米。分别在壶口流加饰龙首，曲柄加饰龙身、龙首，壶纽饰火焰形纹，壶身局部纵向加饰有宝相花地花带，壶颈部、底部、壶盖部加饰莲纹、火焰纹。这些纹饰采用錾刻、捶揲、粘贴等多种技法，使原本光素的银茶壶散发出艺术的气息。壶的造型粗犷、稳重，与西北蒙藏地区的器物审美情趣相吻合。奶茶壶一是用于盛放熬好的奶茶，每遇朝廷举行盛大筵宴，宴请蒙古王公等重要活动时，将煮好的奶茶装入奶茶壶中，根据需要再分别倒入奶茶碗中。同时奶茶壶也是煮茶器具，清宫档案有"壶茶"之语，不排除是指用壶熬制奶茶。

[图8-18]　银镀金龙凤奶茶桶

2. 奶茶桶

奶茶桶，是斟奶茶的用具。其形如圆筒状，上一侧出僧帽形口沿，上口处设附有纽的桶盖，桶身一侧有龙首流，另一侧二兽首衔活环链，或为长把手，并加饰等距的两至三周圈，将高茶桶分成上、中、下等几部分。可见奶茶桶的外形，与藏族的多穆壶形同，或许因盛放奶茶而得名。这些奶茶桶多由清宫造办处制作，因此式样丰富而又实用。以嘉庆六年〔1802 年〕茶房内备用的茶桶为例，有金茶桶两件〔嵌珊瑚青金松石、各重一百两〕、八成金茶桶二件〔嵌珊瑚青金松石〕、八成金箍银茶桶四件〔每重六十量〕、银镀金箍银茶桶二件〔每重四十两〕、铜镀金箍银茶桶四件〔每重八十两〕、镀金银球索子二份。[①]档案文字中虽未能详明外装饰，但这可在藏品中找到答案。宫内奶茶桶的品种极为丰富，除金、银奶茶桶以上乘材质与光亮取胜外，尚有银镀金龙凤奶茶桶〔图 8-18〕、粉彩八宝勾莲奶茶桶、木釉纹奶茶桶、掐丝

---

① 中国第一历史档案馆：《奏销档 456-015：奏为茶膳房换造金银器皿事折，嘉庆七年六月二十八日》。

珐琅勾莲纹奶茶桶、嘉庆款松石绿地粉彩缠枝花奶茶桶等，不一而足。皇家奶茶桶巧于装饰，如在银器身上加镀金箍，使之金光耀眼，或錾刻栩栩如生的龙凤纹，或錾刻团寿字、勾莲纹等吉祥图案，华美异常。

奶茶桶作为宫内实用的茶具，以供内廷举行各项活动，诸如皇帝皇后大婚筵宴、皇子大婚筵宴、公主下嫁筵宴、宴请蒙古王公筵宴、衍圣公来朝筵宴、临雍筵宴、外藩贡使筵宴等。每遇外出，诸如皇家举行的围猎活动，皇帝至东西陵谒陵，东巡等野外餐饮，茶具也是不可或缺的。有关奶茶桶的使用可在西洋传教士郎世宁的《弘历狩猎聚餐图》〔图 8-19〕中得到最好的诠释。图中描绘的是围猎活动的休息时间，乾隆帝与众大臣正在野炊。其中一人单腿跪地，一手托金色奶茶桶底部，另一手扶桶身，似等待倒奶茶，这一幕展现了宫廷用奶茶桶饮奶茶的场景。此外，档案记载有"中正殿处喇嘛念经所需银茶桶"之语，表明在皇家举行的有关宗教活动中也使用奶茶桶。而宫廷举行的奠献、祭祀活动中，均需供用乳茶，所以必用奶茶桶，如前代帝王陵、供用乳茶用银奶茶桶"，"梓宫奉移陵寝中，筵一席用乳茶一桶"。大凡这类活动中，通常用银奶茶桶。

3. 奶茶碗

清宫的奶茶碗，有时也称为奶子碗，是承接茶桶、茶壶倒入奶茶的器具。由于属日用器具，故呈现出数量繁多、质地不一、精品迭出的特点。在清宫制作与使用中，不同种类的奶茶碗，承载着不同时代的特色。

瓷奶茶碗。瓷奶茶碗在宫廷内数量居多，帝、后乃至宫女等人均可使用。瓷奶茶碗工艺很讲究，上等的有粉彩、画珐琅、玉、翠、象牙等，是随着宫内其他类瓷器新工艺的创新而精心烧造的。如清康熙御制款瓷胎画珐琅花卉奶茶碗，碗胎轻薄，内壁白釉明亮，外壁粉红底色上绘黄色花瓣翻卷的花卉，其旁绿色花叶陪衬。花纹规整，叶子灵动，色彩亮丽，品质优良。乾隆时期在瓷制奶茶碗中有一种仿木纹釉碗的品种〔图 8-20〕，是一种精心独到的奶茶碗。碗在烧造中，在素胎上完全仿木的颜色与纹理，然后在低温下再次烧造而成，碗的造型为敦式，与宫内同时期的木、匏、玉等奶茶碗看上去难辨真假。

匏奶茶碗。匏，俗称葫芦。匏奶茶碗是用葫芦制成的〔图 8-21〕。我国

[图8-19] 郎世宁画《弘历射猎聚餐图》轴

[图8-20] 仿木釉碗

[图8-21] 乾隆款匏制寿字莲花纹银里茶盅

种匏史可追溯至原始社会，距今已有七千年之久。明清时，制匏工艺大大发展，到乾隆朝，品类丰富，工艺成熟，达到鼎盛。制匏工艺方法是在匏幼小时，纳入刻有阴纹的木制或陶制模范中，至秋天成熟时取出，使其形状图纹与模范随形相合，再略加修饰即可成器。但在匏器生长的过程中，因受到天气或自身生长等多种因素的影响，损伤数量也不小，真正与预期所得成品相差甚远。尽管如此，清帝出于爱好而不断地以匏为材料制作奶茶碗。档案中有：黑漆里葫芦奶茶碗〔五只〕"道光十五年十二月二十三日总管好进喜要去，上在勤正殿赏蒙古王公、额驸、台吉、喇嘛等用"[①]。这则记述透露出匏制奶茶碗以黑漆为里，外包一层匏合成。这种复合形式的奶茶碗，内衬里有利于匏的保护，又不失匏制碗风采，所以宫内凡匏制奶茶碗，常由内里外碗组合而成。从现藏品中反映出，当年宫内的匏制奶茶碗内里除黑漆外，还有银里、

① 故宫博物院藏：《清宫陈设档·乾清宫·西暖阁葫芦器档案》。

[图8-22] 乾隆款匏制铜镀金里茶碗

铜镀金里。外层的匏制碗器壁上，也附有不同题材的花纹，如团寿字、双夔龙、勾莲纹、宝相花纹、凤纹、缠枝莲纹、开光博古图等。带有纹样的奶茶碗，失去了一些古朴，却增加了几分艺术气息。如乾隆款匏制铜镀金里茶碗〔图 8-22〕，口径 11.2 厘米、高 5.5 厘米。碗内衬铜镀金里，由于金水优质，至今还是金光熠熠。外层匏碗的外壁上下各一周圈回纹，中心部位一周圈为花纹，辅之以花蔓。整个器壁花形规矩饱满，花蔓纤细俏美，回纹整齐均匀。泛着金光碗里与古香古色的匏制外壁相互呼应，使奶茶碗极具观赏性。

　　玉奶茶碗。如前所言，由于玉石的五德与对人体的保健集一身的特殊性，清代，取材于玉的奶茶碗有所增加。尤其是乾隆二十四年〔1759 年〕，朝廷对新疆的空前开发，使和田玉能够按时进贡到皇宫，原料不断充实，客观上保障了一定数量奶茶碗的制作。有白玉、碧玉、青玉、汉玉等不同质地的奶茶碗。在各种玉奶茶碗中，不乏有精品之制，成造于乾隆五十一年〔1786 年〕的乾隆御用款白玉错金嵌宝石双耳碗就是典型的一例〔图 8-23-1、8-23-2〕。此碗采用新疆和田羊脂玉制作，工艺借鉴痕都斯坦的制法。清代将印度、土耳其及中亚地区所产的玉通称痕都斯坦玉，其特点是玉质温润，成品多讲究镶嵌，色彩艳丽，华美异常。此奶茶碗基本具备这些特征。制作中按预定设计的图案在外壁挖出凹槽，雕琢成花瓣形，再将 180 颗红宝石嵌入其中，由此形成朵朵绽放的梅花。其周围再施以描金花叶，使之整体花纹在洁白的玉地上，泛着艳丽浓红与

[图8-23-1] 乾隆御用款白玉错金嵌宝石双耳碗

[图8-23-2] 乾隆御用款白玉错金嵌宝石双耳碗

铮铮金色的光泽，从中展现出玉碗高贵的品质。碗两侧配桃形耳，以便于端放。沿碗边内壁镌刻乾隆御制诗："酪浆煮牛乳，玉碗拟羊脂。御殿威仪赞，赐茶恩惠施。子雍曾有誉，鸿渐未容知。论彼虽清矣，方斯不中之。巨材实难致，良将命精追。读史浮大白，戒甘我弗为。"诗中写到奶茶的醇香味道，就连唐朝的陆羽也未品尝到。而宫廷筵宴中群臣需饮奶茶，皇帝要"御殿赐茶"。用于盛放奶茶的茶具材料实在难得，它由最优秀的工匠以精湛的工艺制造。尤其"赐茶恩施惠"一句可知，这件玉碗当是在清朝举行盛大筵宴中，皇帝向大臣赐茶时专用的奶茶碗。在玉奶茶碗中，也有翠奶茶碗相伴。乾隆帝御

制诗曾有"翠碗均颁乳酪茶"之句，说明翠奶茶碗也属礼仪活动中赐茶之用具。诸如在宴请蒙古王公时，皇帝会用翠奶茶碗赐入宴者奶茶。由于不同仪式的实际需要，宫中便留有清帝用过的翠奶茶碗。其中就有嘉庆款翠根光素墩式碗〔图 8-24〕，口径 13.4 厘米、足径 7.7 厘米。当年造有数只翠奶茶碗，矮圈足，呈墩式。碗体莹润，打磨光滑，通体光素，绵绤均匀，仅凭自身纹理与自然颜色表现器物之美。底足内镌刻"嘉庆年制"隶书。

　　银掐丝奶茶碗。皇帝的奶茶碗中，有一种是以复杂的银掐丝工艺制成的。银掐丝珐琅奶茶碗〔图 8-25〕，口径 12.3 厘米、底径 4.3 厘米、高 5.7 厘米。外层碗以银缫丝编制，内衬银镀金里，镀金水质优，历经数百年后，今日依然光亮如初。奶茶碗外壁采用缫丝工艺，是指将银片加工成细如发丝的银丝，再用银丝按设计的图案进行编织，以形成花纹，表现出良好的装饰效果。这种完全手工制作的奶茶碗，用料上乘，装饰效果独特，体现宫廷用奶茶器皿的高档规格。特别提出的是还有一件施以编银丝工嵌螺钿海棠式茶盘，与碗组合成套式，便于皇帝喝奶茶时太监侍奉，更体现备用茶具的讲究与文明。

　　木类奶茶碗。以木制作的奶茶碗，在宫中属大宗类。其中包括桦木奶茶碗、槟榔木奶茶碗、扎卜扎雅木雕奶茶碗及无里木奶茶碗。这类碗中一部分曾被保管于皇家的茶房、后妃寝宫中的永寿宫、寿康宫、皇极殿等，以及热河行宫，皇帝理朝政的养心殿，专门负责皇家制造器物的部门——造办处。同时有些木奶茶碗上留有墨书的纸条，说明这只碗的主人与使用的场合。通过

[图8-25] 银掐丝珐琅奶茶碗

[图8-26] 扎卜扎雅木雕碗

这些线索，大致可以认定有些木奶茶碗是皇帝不同场合饮用奶茶的实用具，因此做工与品种绝不能与大众用物同日而语。如扎卜扎雅木雕碗〔图 8-26〕，口径 14.6 厘米、底径 7.9 厘米、高 4.2 厘米。碗敞口，矮身，阔圈足。碗面打磨光滑，无碗里，通体以自身纹理装饰。碗底呈凹的内中心刻阳文"乾隆御用"款识。碗底部紧临凹处呈凸面上留有御制诗："木碗来西藏，草根成树皮。或云能辟恶，藉用祝春禧。枝叶痕犹隐，琳琅货匪奇。陡思荆歛地，二物用充饥。"乾隆丙午（1786 年）新春御题。后用金丝嵌篆书"德"字方印。碗中存有一皮笺，上用汉、满、藏三种文字记："土尔扈特四等台吉晋巴恭进木椀一个"。碗中呈现树叶的纹理，有古香古色之美，成为木碗的又一亮点。此碗配有铁鋄金镂空盒，盒的花纹满密，花型线条流畅，充满宗教艺术气息，上方嵌绿松石，由于金水纯度高，至今依然泛着金光。看似普通的木碗，竟配有如此复杂工艺的"外衣"，何以如此？其实答案就在碗

[图8-27] 咸丰款扎卜扎雅木雕光素浅碗

的御制诗上。诗中说明碗来源于西藏，据说这种木质具有解毒功能，还可以用来避邪，或作为祭祀上供物的用具。在品味整诗赞美木碗美德之余，需要认识的是此碗在宫中"藉用祝春禧"的用途。清代从康熙时起，每逢初春，西藏均向朝廷进献此种根瘤碗以贺春喜，成为惯例。透过木碗贺新春，清帝感到地处边陲藏区的一份安宁，这正是乾隆帝钟情于此碗的缘故。宫内还有这样的碗，明确记载旧藏热河行宫，显然是乾隆皇帝在避暑山庄饮奶茶的常用器具。总体讲，这是一种取材于西藏生长的树木根部瘿瘤，材质润滑稚嫩，用指甲掐可现出甲痕。因其原料稀少，所以只有清帝享用。

无独有偶，与乾隆帝奶茶碗的用料、造型相似的是咸丰帝的木奶茶碗。咸丰款扎卜扎雅木雕光素浅碗〔图 8-27〕，口径 14.4 厘米、底径 8.2 厘米、高 5.6 厘米。此碗配有藤编盒，附黄色提袋，盒口有金属扣吊。碗用时取出，用毕卧于盒内扣好。平素藤盒可起到防尘作用，外出提携方便。整碗通体光素，打磨光滑。底款镌刻"咸丰御用"。这只表面普通的木碗，来源却非同寻常。此碗取材也系出自西藏的一种树木，有祛毒、辟邪之功效，地方由此特别向朝廷进贡，所以文物藏品中至今留有这种材质的奶茶碗，并保留其称谓。咸丰帝的这只奶茶碗旧藏茶库，所不同的是藤盒内有红纸条款，上墨书："正月十八日保和殿，皇上前进奶茶，送茶章京善裕大人，揭碗盖尚茶正文龄"。

[图8-28] 槟榔木雕松竹梅纹镶银里碗

[图8-29] 椰子木雕云蝠纹镶金里碗

清代，每年除夕、正月十五，皇帝赐外藩、王公及一品与二品大臣宴，赐额驸之父、有官职家属筵宴在保和殿举行。所以才有红纸条上写的侍奉皇帝喝奶茶的具体内容。综合两位皇帝的奶茶碗，材质、造型、附件、来源等诸多因素，展示出皇帝所用木制奶茶碗的风采。

槟榔木奶茶碗。槟榔木因其材质的特性，人们常用做镶嵌物，诸如茶壶、桌、椅、柜子等，以其自然的纹理、颜色以增加木器的美感。清宫内对于槟榔木的应用，不但保留其镶嵌的工艺，而且还用于制作奶茶碗。藏品中槟榔木雕松竹梅纹镶银里碗〔图 8-28〕，就是其中的一件。碗口径 12.9 厘米、高 5.8 厘米。奶茶碗制作规范，外器壁花纹清晰，内镶银镀金碗里，实用又美观。宫内这种外观古香古色的奶茶碗数量有限，非一般人能用得上。

椰子木奶茶碗。如椰子木雕云蝠纹镶金里碗〔图 8-29〕，，口径 13.5 厘米、底径 9.8 厘米、高 4.9 厘米。同那些双层结构的碗一样，这只椰子木的奶茶碗，内壁嵌铜镀金里，外层为椰子木，其上雕饰云龙纹。碗内金光灿灿象征

[图8-30] 象牙雕山水图银里碗

着华贵，外壁古香古色别有一番风情，两者合一体现出主人对用具的讲究。这类奶茶碗，因材质特点，一律采取镶嵌工艺，碗内常见有银里，碗外壁还有凸雕松、竹、梅等花卉纹饰，也有直接为光素。这些碗曾旧藏于茶库，若再考虑其做工及纹饰等特点，可知它们是清帝的心爱之物。

桦木奶茶碗。此类奶茶碗材质取自生长于东北的桦木树，通常皮斑文色殷紫，如酱中豆瓣，浅色地上呈现深色花纹的材质尤为稀少。桦木奶茶碗凭借自身的厚重特色，通体光素，真实体现了古朴的自然之美。这类奶茶碗的数量多达几百个，应是宫内举行大小宴会时入宴人使用的，或在丧礼、祭奠上供饮奶茶时用的。

象牙奶茶碗。宫内以象牙为材质的奶茶碗为数不多，当是皇帝追求各类艺术品中而特别御旨的作品。如象牙雕山水图银里碗〔图 8-30〕就是其中之一。碗口径 9.6 厘米、底径 4.3 厘米、高 5.3 厘米。碗内镶银里，外包象牙，并在象牙外壁依器形施以浅刻、填色等技法表现图案。碗面上云雾缥缈，一群鸿雁排成"人"字形向南方飞去。山峦跌宕，峭壁如障，从中可见秃枝叶落的矮树，在近处呈现江面微风中，泛起涟漪，一小舟顺风行驶，舟中二人，一人在船头低首，一人于船尾掌舵，好一幅山水环抱、情景交融的深秋美景。在画面的一方写有五言诗："来雁清爽后，孤帆远树中。"碗底部刻有"宫制"款识。依底款可知，这是宫中专为皇帝打造的御用碗。茶碗刻画细腻，唇口打磨光滑，器形美观，图案寓意鲜明，耐人寻味，是奶茶碗中上乘之作，也是皇帝独享的奶茶具。

综上，宫中各类奶茶具，具有以下三个特点：

第一，器形偏大。以奶茶碗为例，皇家中的奶茶碗无论是个人用碗，还是皇帝大宴赐奶茶用碗，大多数为敦式，碗器壁虽浅但口径大，矮圈足或平足，内储容量多。这些设计主要是为喝奶茶所需。宫廷中的奶茶，就习惯性而言，并非以生津止渴为目的，而往往是当作"小吃"食，因此若用普通小茶碗极不相宜，故奶茶碗形体大，较为实用。

第二，造型粗犷。有些奶茶具摆脱了宫廷透巧韵味，而是采取与西北的蒙藏民族粗犷的器物风格一致。当时游牧民族常年逐水草而生，特殊的生活境遇成就了他们奔放豪爽的性格。在缺水的情况下他们以奶茶当水饮，也将奶当饭吃。为满足需要，所以要痛饮为快。宫中在打造奶茶壶、桶等器具上，一方面保留了本民族入关前骑射生活中用奶茶具的习惯，另一方面也尊重蒙藏游牧民族饮奶茶的习俗，包括用具的造型。所以，清宫内奶茶桶造型与蒙古奶茶桶、西藏的多穆壶的式样类似，宫内奶茶壶与藏族酥油茶壶相近似。

第三，工艺精湛。清宫在保留传统奶茶碗造型的基础上，经过选料上乘、复杂工艺的过程，使奶茶碗得到艺术的升华。所有这些特色，皆因清统治者将奶茶引入国宴之中，奶茶具也一跃为皇恩浩荡的载体，也以此证明了清代"旧俗最重奶茶"，并丰富了清宫的茶文化内涵。

第三节　其他类茶具

在清宫茶具的家族中，除茶壶、茶碗大宗类的用具外，还包括用于包装茶叶的罐、烧水用的茶炉、外出便于携带茶具的茶籝等。这类茶具总的数量并不多，但它们往往与饮茶的环境、季节、茶品的功用有着密切的关联，所以茶具的造型、用途各不相同。清代的这类茶具无论宫廷与民间都是极为热衷使用的，但就两者比较而言，宫廷用物的工艺、造型以及装饰上，不仅考究以力求合理保存茶叶，而且更多的是包含着深层次的文化背景，使每一器物集使用与欣赏于一体。因此，本节内容意在透过不同类别的茶具，穿越时空，清晰地了解清代皇家工艺精致、品质上乘的茶具以及民间进贡茶中包装古朴的一些茶具。

[图8-31] 小种花香茶叶桶

1. 茶叶罐

茶叶罐,顾名思义为茶叶外包装的用具。常见宫廷贡茶的外包装有瓷罐、锡筒、洋铁桶、紫砂桶、玻璃罐以及银茶桶等。这看起来似无引人入胜之处,但若仔细认真的观察,不难发现不同质地的茶叶包装中蕴含着清代皇家特有的规制。

〔1〕锡茶叶罐。以锡制作茶叶罐早在1000多年前隋朝就已问世。试验证明,同等环境下茶叶选用一般性的包装,保质期约为一年半左右,若气候过于潮湿或干燥,则时间更短。而锡茶叶罐具有凉性、易散热、密封性强的功能,可延长茶叶的保质期,保持其特有的香气。同时,高纯度锡器自身泛有光泽,再加以施划簪刻等工艺,内在品质与外在美的自然结合,成为用于茶叶包装首选的材质。清初李渔在《闲情偶记》中论述到:"储茗之瓶,止宜用锡。无论瓷铜等器,性不相行,即以金银作供,宝之适以崇之耳。但以锡作瓶者,取其气味不泄。"锡茶叶罐来源不一,有随贡茶的外包装而进入宫内的,也有宫内专门的置办品。前者桶身多为光素状,有的地方为打破单一素茶叶桶的呆板,而将不同形的茶叶桶组合成一个造型,以表现贡茶的包装之美。清晚期锡制小种花香茶叶桶〔图8-31〕,宽18厘米、口径2.8厘米、通高20厘米。此组茶叶桶由1件圆形与5件花瓣形茶桶组成一套梅花式茶桶,通体光素,历经一百余年后仍泛有光泽。其肩部贴黄花装饰,顶部贴黄纸墨书"小种花香",表明

[图8-32] 锡錾花小阴纹茶叶桶

是福建的贡茶。茶桶外罩附有黄绫面的方纸匣，茶桶上贴的黄色纸以及茶桶中腰处系一圈黄线绳，在看似简单的茶叶外包装中有多处黄色的装饰，无一不说明是皇家的御用茶品。宫内专门置办的包装罐并非宫廷制造，而是由朝廷在宫外定制。这些茶叶桶的材质纯度高，硬度强。茶叶罐的制作匠人，也是同行中技高一筹者，桶底部曾见镌楷书"苏万茂"三字，应是名匣之一。大凡宫中定制品，从外观上看别有特色。茶叶桶的造型，常见有桶形、瓶形、花瓣形、椭圆形、方形、四方委角形等。每件必有图案，主要是通过錾刻、捶揲、铸造等工艺手法，在罐身上呈现出一幅幅不同题材的纹样，如八宝、杂宝、花鸟、山水、以及人物等，各样纹饰含有美好的寓意。

　　锡錾花小阴纹茶叶桶〔图 8-32〕，宽 10 厘米、口径 3.5 厘米、通高 14 厘米。造型为四方委角型，器身正面錾刻凉亭老树，侧面饰牡丹花卉，器盖上饰团寿纹。凉亭通常是人们品茗的好去处，图案的设计将现实生活的场景再现于茶桶上，增添了器物的观赏性。锡茶叶罐中施以捶揲工艺，其花纹主要特点是纹样凸出平面，花纹醒目，富有立体感，有较强的装饰性。现藏品中的大凸花茶叶罐〔图 8-33〕，罐身双面分别捶揲出松树与小鹿，高大的松树下，一只奔跑中的小鹿正回头顾盼，高与矮、大与小、静与动的组合，为器物增添了不少趣味。而松与鹿是中国传统的吉祥纹饰，寓意长寿。此茶

[图8-33] 大凸花茶叶罐

叶罐图案的工艺不甚精美，但就茶叶罐取用的锡制纯度高，寓意美好，应不失为宫廷茶叶包装器物中有特色的一件。以上可知，宫内的锡茶叶桶中的精品，以宫中定制为主，其选料上乘，工艺讲究，打磨光滑，器型美观，纹样丰富，是清宫喜用的茶叶桶。

〔2〕瓷茶罐，也如当时药铺盛放丸散膏片的瓷罐。宫内有一定数量的青花瓷茶叶罐，所不同的是，这些瓷茶罐以明黄色缎地提花的织物包裹罐的表面。为达到浑然一体，特将材料分成弧形的几片，再用针线细密的缝合。其一处盖有长方形戳，上有"人参茶膏"〔图8-34〕或"桂花茶膏"的字样。普通的瓷茶罐包装成明黄色，而明黄色即帝王的专用色，当时在民间的茶叶罐中，无论如何也是寻觅不到的。

〔3〕玻璃茶叶罐。清代透明玻璃彩花技术仍是空白，其成品来自外国。尤其是精美之至的生活日用品，均来自异域，且价格昂贵。清晚期，宫内用外国的玻璃器数量、品种不断增加，也开始用于盛放茶叶。玻璃茶叶罐制品为透明玻璃，并在玫瑰红的色地上施以彩绘，局部描金点缀，整个器皿极为华丽。根据茶叶罐的体积、结构及装饰等因素，应是装入茶叶后将其置于寝

[图8-34] 人参茶膏

宫，陈设于桌案上，不仅为主人取用茶叶提供便利，而且还为室内增添了欣赏的小景。

〔4〕紫砂茶桶。由于清帝对紫砂茶器的钟爱，随之相应的茶叶罐也出现在宫中。这类茶叶罐数量有限，但件件均为得意之作。如宜兴窑芦雁纹盖罐〔图 8-35-1、8-35-2〕，口径 3 厘米、底径 5 厘米、高 12 厘米。茶叶罐短径，小圆口，长圆腹，子母盖扣盒紧密。通体以朱红色砂泥为材质，因打磨光滑、均匀而富有光泽。在素色面上以极细的泥浆，以堆绘的手法构成湖边芦苇在微风中摇曳，天空中大雁飞翔，与地面上湖水及水中植物相呼应，表现出祥和安逸、景色宜人的意境。以这一内容为题材的图案，被称为芦雁图。此图是传统图案之一，也是历代宫廷常见的装饰题材，如富有绘画才能的宋代皇帝宋徽宗，就曾有芦雁纹的画作。清代康熙帝的测绘仪器中，也有专门为成套的绘图仪器配以黑漆描金芦雁纹盒。同一题材的芦雁纹，在不同的器物上有着不同的装饰效果。此茶叶罐上的芦雁纹，重在展示紫砂泥质的肌理之美，因此纹饰通过含蓄的风格而引人入胜。值得注意的是盖顶部镌刻"六安"款识，说明这是专用于盛放安徽六安州进贡的"六安茶"的茶叶罐。此

[图8-35-1] 宜兴窑芦雁盖罐

[图8-35-2] 宜兴窑芦雁盖罐

外，有的紫砂茶叶罐的盖顶上刻写"珠兰""莲心"等字样，说明分别用于储存莲心、珠兰贡茶的。综合来看，紫砂类茶叶罐纹饰中花形规整，雕刻细腻，具有极强的艺术感染力。

〔5〕洋铁茶叶罐。顾名思义是以西洋铁质为材料的制品。由于清代冶铁技术落后，所需原材料与制品依赖外国进口，故时人称之为洋铁。这种现象也体现在茶叶筒的制作上，清晚期的贡茶中即有洋铁打制的茶叶筒。宫内的洋铁龙井茶茶叶桶〔图8-36〕，筒为长方形，短颈，方形桶身渐敛，通体光素。茶叶罐虽为铁质，但合成材料的工艺先进，具有较强的抗潮性，所以至今未生锈，显然对当时的贡茶有良好的保鲜性能。

〔6〕银茶筒。银茶叶罐的数量有限，尤其表现在清晚期只限于三种特殊用途贡茶的包装上，即四川蒙顶山进贡的仙茶〔图8-37〕、培茶、菱角湾茶三种茶。三种贡品在宫廷礼仪中应用很多。当年除皇帝、慈禧等人啜饮一部分，还用以祭太庙、祭祖，所以外包装以贵金属为之。这种茶罐虽无雕琢，但在材质上做文章，体现着茶叶用以享神灵的价值。

[图8-36] 洋铁龙井茶茶叶桶

[图8-37] 仙茶

2. 茶叶匣

茶叶的包装分内外，外包装涉及箱、盒、匣等。清代，茶叶的外包装受当时国内工业发展水平的制约，再加上考虑到体积的轻重，所以手工制作的木、纸、竹各类包装用物成为主流。虽取用的材料廉价，但内在门道却丝毫不减。

〔1〕黄绫面木茶叶匣。木茶叶匣，是茶叶外包装的形式之一。宫廷的贡茶在这道工序中有繁有简，讲究的茶品一般置于包装匣中，体现着茶品的尊贵。宫中祭祀用茶，多在入宫前由地方包装完毕。包装匣通体以木为心，内外以明黄色布或黄绫包裹。匣内有与茶罐尺寸相合的卧槽，外仍有与茶桶相吻合的凹槽板，最外设可抽拉的盒盖。当提拉最外的前脸抽拉盖，再将槽板掀起时，两瓶银制茶叶罐便显露出来。照原样依次扣合，茶叶桶稳稳立足于匣内。匣外顶部设提手，专为外出提携而设。在这普通用料、普通造型的茶叶匣中有两大特点。首先注重茶叶罐的稳定性，保证茶叶桶在匣内不因颠簸而受损；同时从设有的提手可知，匣内所装茶叶是有特别用途的，需要太监等提携以供清帝取用。这种匣盖外分别墨书为"仙茶""陪茶""菱角湾茶"，图中为"菱角湾茶"的茶匣〔图 8-38〕。

〔2〕楠木茶叶匣。这是清宫中茶叶的另一种材质的包装，匣内没有其他附属设施，唯见中心处有一竖向隔板，其两侧分装茶叶罐。楠木茶叶罐包

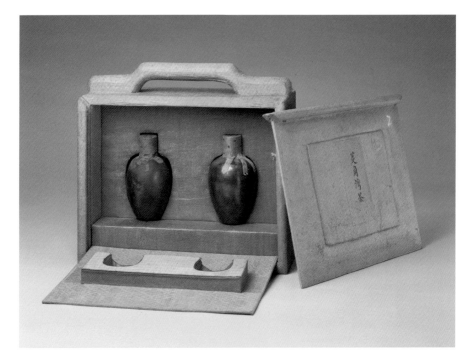

[图8-38] 菱角湾茶匣

[图8-39] 龙井茶匣

装风格简练，由于设计中掌控好盒与茶罐的尺寸，所以在匣内不加任何辅助物，就能保证铁茶叶罐的稳定性。前脸抽拉盖上用绿漆写"雨前龙井"四字〔图8-39〕，又根据盖的右下方的纸条上墨书的内容可知，这是地方官员专为皇帝进贡的贡品。

〔3〕硬纸茶叶盒。这类茶叶包装以普洱茶膏的包装〔图8-40〕最为典型。盒以硬纸壳为心，外以明黄色的缎子或绫子包装。因入盒的茶膏每块近似方形，正面印团寿字与蝙蝠纹，构成蝠捧寿，引申福寿万年。对于精心制作的普洱茶膏，要确保在几十天的运输途中能完整无损，的确是个大难题。地方官员均高度重视，根据茶膏自身的特点，在长方盒内以当地盛产的笋衣裁成长短不一的条状，等距横纵交叉排列成小方格，每块小普洱茶膏就叠落在其中。一盒内分几层码放后的茶膏可多达100余块,如此多的茶膏于盒内,因被空隙小的方格固定，所以尽管经过长途运输，茶膏入官，依然完整无损，表现出这种包装法的合理性。

〔4〕笋壳包装。以笋壳包装贡茶,主要是来自于云南的贡茶。清代云南贡茶中以紧压茶居多，分别为团形、饼状、膏类，这些茶均取材笋壳进行包装。大致程序为事先将笋壳加工成方形的片状，有的则搓成粗、细绳状，再随茶叶形状录用。普洱茶饼〔图8-41〕是七块圆茶饼为一摞,俗称"七子饼"茶。在以笋壳为材质的包装中，先整体包装，最后再用加工的细绳子交叉捆绑，使之拴牢。云南茶叶的这种包装，不见尊贵的明黄色，也无任何花纹的修饰和色彩的渲染，其原因是在当地造纸业极不发达的状态下，人们在长途运输中意识到，就地取材用于茶叶包装的笋壳具有防潮、隔雨、透气性能好的功效，还具备良好的柔韧性，易于折叠，且自身散发着淡淡的清香。笋壳的这些特点，使贡茶离开生产地历经几十天或风雨天气的运输后，依然保持天然本色不变，久而久之形成当地包装茶叶的一大特色。至今云南各大产茶区，依然使用笋壳包装法。

以上，民间贡茶中用于内包装的茶叶罐、盒等，外包装用的茶叶匣，有一个共同的特点，就是在盖，或沿至瓶肩，或通体，加饰明黄色的饰物，虽然表现简单，但实际上是一种特殊的标记，即表明是皇家的饮用品。

[图8-40] 碎普洱茶膏

[图8-41] 普洱茶饼

3. 茶籝

在茶具的家族中，有一种是专用于收纳不同茶具，诸如茶瓯、盏托等的器具，这就是唐朝陆羽《茶经》中提到的都篮，"都篮以悉设诸器而名之。"茶籝用竹篾编制成镂空纹路，外观秀巧。明代的钱椿年在《茶谱》中也提到收放各种茶具的贮茶器，并称之为"苦节君行省"。明代，随着文人雅士游历山川之风的兴起，在自然风光中品茗清谈、吟诗作赋、汲取甘泉、试茗等活动极为频繁，行囊中备套式茶具必不可缺。于是复杂的收纳茶具的用物应运而生。茶家各有心机，明代晚期《尊生八记》中就记载有茶盒，其设计合理，利用率高，能容纳各种用途的茶具约十种左右。至清代，也流行使用专收纳茶具的器物，并称之为茶籝。清代的茶籝，是前人都篮、苦节君行省、茶盒等器具的延续。"籝"应是取其"箱笼"之类功用而名之，可以肯定非陆羽《茶经》中提到的茶籯。

清代的茶籯在材质、结构上与唐宋时期大相径庭。以清代宫廷所用的茶籯为例，在材质上多选用紫檀、红木；在造型上则是方形；结构上则镂空格状，酷似小型的多宝格；在使用上，不同空间内摆放相应体积的茶具。现收藏清宫的茶籯，主要是清乾隆时期的制作物。这一局面的出现，与乾隆皇帝喜品茗、作茶诗、南巡途中以烹茶陶冶情操，有着直接关系。宫内虽然制作数量有限，但却代表着清代茶籯制作的特点。如紫檀竹皮包镶手提式茶籯〔图8-42〕，长 32 厘米、宽 18.5 厘米、高 31 厘米。籯分上下两层，上左侧设抽屉一，以放烹茶用的小什件；右侧置一中心掏空的长方屉板，专用于置放水盆；下层左侧设两个紫檀木六棱形槽，用于摆放紫砂茶叶罐；其右侧设有叠摞着两个紫檀托盘，以摆放碗盖、茶船等多种饮具。茶籯上端中心处安一铜提手。此茶籯的工艺精到之处在于局部细微合理的处理，将露于表面的边角以细竹包边，并于上下以铜饰件加固。露于外表的紫檀木面，不惜费时费力精雕细琢，诸如木托边透雕花纹、抽屉面与凹形木托面凸雕四合如意云、夔龙纹。上乘的材质与复杂的工艺，使提盒在保证耐用、便于提携的同时，又充满了艺术气息，比之同时期民间所用的收纳茶具大胜一筹，堪称精品。

4. 茶炉

茶炉，是专用于烹茶烧水的用具。茶炉主要由铜、泥、铁等材质制作。茶炉最早由唐朝陆羽所创，他亲自设计的茶炉名风炉，形如古鼎，又有鼎式炉之称。炉有三足两耳，炉内设床，以放炭火，炉下有三孔窗口〔即设有三个炉口〕，烧火时用于通风，炉底有一洞口，以出炭灰。炉上口再附三支架，用来承接煎茶器。值得注意的是，风炉的三个足上均铸有古文字，分别为"圣唐灭胡明年造""体均五形去百病"。三足铸文分别交待了风炉制造时间、风炉燃火煮茶的合理性以及茶饮的药理功能。可见，陆羽传给后人的不仅是开启茶炉制作之风，同时也将茶之精华传播给后人，成为物质与精神结合的典范。

宋代，又出现了以竹编制的小茶炉，从"松风桧雨到来初，急引铜瓶离竹炉""竹炉汤暖火初红"的诗句中，让人感到竹茶炉自有燃火烧水的美妙意境。竹茶炉内设圆形泥炉堂，外为方形，即在四方的框架内用竹皮编织

[图8-42] 紫檀竹皮包镶手提式茶籯

竹篾纹，其正面留有风口。许多茶人在竹炉的用料上精心挑选，使得竹茶炉身价百倍，讨人喜欢。降至明代，竹茶炉的制作与应用发展到新的阶段，明王问《煮茶图》就有一只制作精美的方形竹茶炉。这种竹茶炉在寺院僧人、文人出游、上层人士等的烹茶饮茶时，使用的场景屡见不鲜，特别是还出现了一些专门制作竹炉的场房，无锡惠山的"竹炉山房"就是其中之一。茶人如此青睐竹炉之风气，直接传到清朝，尤其是乾隆皇帝被其艺术性深深地感染。清宫廷中制作的小茶炉分别为竹茶炉、铜茶炉、泥茶炉，这些茶炉基本上在保留实用性的同时，更多的是仿古、鉴古的佳作。

〔1〕竹茶炉。清乾隆皇帝曾命匠人制作数件竹茶炉,堪称得意之作。以乾隆御题竹方炉为例〔图 8-43〕，炉内设泥制炉膛、炉床，外留出灰的方形口，炉外呈四方形，四边框各以竹圆柱为架，周身以竹皮沿竹框架编织竹篾纹，炉底部呈全封闭式，其上镌刻御制诗："竹炉匪夏鼎，良工率能造。胡独称惠山？诗禅遗古调。腾声四百载，摩挲果真妙。陶土编细筠，规制偶仿效。水火坎离济，方圆乾坤肖。讵慕齐其名，聊时从吾好。松风水月下，拟一安茶铫。独苦无多闲，隐被山僧笑。"诗中反映出乾隆对惠山竹炉极为欣赏，抒发出向往在松林中置竹炉，墩茶铫，烹茶品茗，享受人与自然融为一体的美好时光。经考证此炉是乾隆十六年〔1751 年〕制造，它并非出自宫廷

[图8-43] 乾隆御题竹方炉

制造，但从器物造形、做工等特点看，当时乾隆帝参与了设计，特别是底部的御制诗，应是在宫廷内錾刻完成的。从制作过程可推论出，竹茶炉应是乾隆帝觅古人制器饮茶之道的仿古作品，也印证了明清时期流行的方形小茶炉的古调风情。另外，从一些清代相关的材料窥知，当年后妃等人也使用竹炉烧水烹茶，所以不独是皇帝的御用茶器。今人视乾隆御制竹茶炉为宝，旨在皇帝从饮茶到精心于茶具的打造，使饮茶的艺术性不断升华，这是一般常人无法做到的。

〔2〕白泥炉。清宫中还有一种烹茶用的小炉子，形似陆羽设计的风炉。它以泥为原料，通体为白色，炉下有三足，炉体上奢下敛，一面留烧火口。其体积秀巧，便于搬运，所以这种炉子根据需要常在室外应用。《清人画弘历古装通景屏》〔图 8-44〕，反映的是宫人存储白雪及乾隆帝品味雪水烹茶的情景，其中烧制雪水用的炉子，就是白泥小炉。与画中的白泥炉相一致的是，现藏品中仍有此实物，可见这种造价低廉又颇为实用的小泥炉，是清宫中主要烧水烹茶的用具。

〔3〕铜茶炉。清乾隆年造铜胎兽面纹带环三足不灰木炉〔图 8-45〕，茶炉以青铜为质，炉为古鼎式，大腹，唇口，下有三足，炉内以白泥为膛，炉外体捶揲、錾刻出蕉叶纹、饕餮纹、夔龙纹等，青铜的古香古色，映衬着浓

[图8-44]《清人画弘历古装通景屏》

郁的仿古纹饰，古朴的造型，如青铜时代的夏、商、周制品，令人百看不厌，可谓精妙。依茶炉小巧的体积而言，不具有实用性，当以观赏为主。这再一次体现了清代皇帝往往因善于品茗而喜爱茶具，客观上激发了精制茶具的灵感，所以不同茶具体现的是，皇帝在饮茶中汲取先人积淀的茶文化而取得的丰硕成果。

总体来看，清宫茶具有以下几个特点：

首先，材料繁多，工艺复杂。宫廷茶具在选材上主要有陶瓷、金、银、

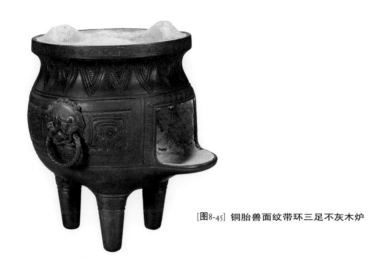

[图8-45] 铜胎兽面纹带环三足不灰木炉

铜、锡、珐琅、玉、翠、漆器、匏、木、紫砂等。其中变化较大的是瓷类，在前人烧制的单色釉、青花、五彩、斗彩、釉里红品种的基础上，又增加了珐琅彩、粉彩、仿雕漆瓷茶具等。有些茶具还以镶嵌、雕刻、錾刻、捶揲等工艺手法打造茶具的品质，使茶具走向艺术化。

其次是精品化，造型各异，装饰瑰丽，用途各有千秋。清宫各类茶具的制作与民间迥然不同，大多数茶具的制作，从设计、质地、装饰、数量等环节，往往是在皇帝的旨意下进行，由工艺老道、技巧娴熟的工匠制作，再由宫廷画师精心绘制，所出精品自不待言。在数量繁多、品种齐全的茶具中，其造型的定制、取材与变化，完全与饮茶、品茗、收藏茶叶及宫廷不同场合用茶紧密相连。有清一代，逐步改变茶壶、茶碗体积，以体积秀巧成为时尚；用于饮奶茶之具，则保留了西北地区奶茶具的用料以及造型上碗身浅腹墩式的特征，与一般茶碗形成鲜明的对比；宫廷举行盛大筵宴中皇帝赐奶茶，则用华丽的奶茶碗，最为典型的如乾隆皇帝白玉嵌红宝石奶茶碗；皇帝大婚中备用的茶具，则有银镀金双喜字茶碗，以体现婚礼喜庆的特点；用于赏赐西北少数民族的茶具，则为完全遵循本民族茶具传统式样的高足碗、多穆壶；用于陈设赏玩的茶具，更是鬼斧神工，竭尽奢华。

清宫茶具精于装饰。各类茶具在有限的空间内，呈现出丰富题材和感染力非凡的画面。综合宫廷茶具之图案，分别为龙凤祥云类、花鸟类、几何类、植物类、果实类、动物类、宗教类、风俗类、风景类、人物类、器物类等，不一而足。这些种类的纹饰设计，汲取了宫廷中的绘画、书法、织物、工艺品、建筑等精华，所构成的图案花纹细腻，生动传情，色彩斑斓，文化内涵深刻，器物之美与品茗的艺术得到完美的体现。这些来自于清帝谙知茶道而量身定做，并得益于宫廷艺术滋养的茶具，最终成为美轮美奂的艺术品。

最后，具有承前启后、仿古创新的艺术追求精神。清宫茶具的家族中，有些是仿古茶具，这一现象是皇帝对传统茶具情有独钟所致。如康熙帝仿明代茶具，雍正帝仿宋代茶具，乾隆帝仿唐、宋、明时期的茶具等，不仅弘扬了古代制茶具的相关工艺，而且也丰富了宫廷茶具的种类，这是一般茶人难以企及的。但与此同时，清帝并未沉迷于仿古茶具之中，皇帝因爱茶而激发出创作灵感，不间断地开拓茶具的新兴工艺，如宜兴窑画珐琅紫砂茶具、雕漆瓷茶具、仿木纹釉瓷茶具、玉嵌红宝石奶茶碗、象牙刻奶茶碗、银掐丝镀金里奶碗、匏制奶茶碗、珐琅嵌宝石酥油茶罐等，复杂工艺的有机融合，客观上成就了茶具千姿百态、用途广泛、实用与欣赏的完美结合。因此清宫茶具的造型、用料、品种、工艺、装饰、用途等多元性，堪称历代茶具之最。正因如此，透过器物的表面，反映出的是清代皇家在饮茶文化中不断积累的文化内涵。

后记

长期以来，关于清代贡茶的研究一直处以一个相对薄弱的状态，相关的论文寥寥无几，而所有与茶叶相关的专著中，对清代贡茶的论述从未超过两页，几乎都是一笔带过，这不能不说是一种遗憾。为填补这一空白，2007 年由王慧、刘宝建、付超、万秀锋组成的课题以《清代贡茶研究》为题申报故宫博物院科研课题，获准立项，本书即是课题组数年积累和研究的成果。

本书以故宫博物院现存的茶叶文物为基础，结合相关档案文献，较为深入地探讨了清代贡茶制度所涉及的几个主要问题，包括贡茶的品类、解运制度、保管机构及相关制度、贡茶的使用以及贡茶对清代社会产生的影响，第一次详尽地论述了清代贡茶的特点和制度的变化过程。梳理了宫廷所用茶具，展现了清宫茶文化丰富的内涵，对清代宫廷生活史乃至中国古代生活史的研究都大有裨益。同时，本书的出版可使社会上更多的茶文化研究学者能有机会了解故宫的茶叶文物和相关的宫廷茶文化，以推动相关研究的深入。

囿于研究基础薄弱加之笔者自身的功力所限，本书在整体上还有很多方面尚需进一步打磨，一些细节的研究尚待深入展开。但愿在本书出版之后，能得到各方专家学者有益的批评和建议。

本书共八章，计十二万字，一百五十余幅图片，由王慧、刘宝建、付超、万秀锋共同完成。具体分工如下：第一、三、四、六章由万秀锋撰写，第二章由万秀锋、王慧撰写，第五章由万秀锋、付超撰写，第七、八章由刘宝建撰写，万秀锋负责全书的统稿和修改工作。

在本书即将付梓之际，感谢故宫博物院科研处和出版社领导将此书列入"紫禁书系"，为本书的出版给予的支持和帮助。感谢本书的编辑朱蓝女士，她不仅不厌其烦地反复审阅书稿并给出了中肯的建议，还对书稿中存在的一些细节问题进行了改正。对宫廷部同仁提供的各种形式的帮助，在此也一并致谢。最后，特别要感谢的是课题组成员在这数年中不辞辛劳的努力，厚厚的研究资料和跋涉几千里的实地考查，风雨砥砺，这本小书的出版，算是对其辛苦付出的一点回报。

万秀锋

2014 年 5 月 5 日

图书在版编目（ＣＩＰ）数据

清代贡茶研究 / 万秀锋等著. -- 北京 ： 故宫出版
社，2014.12（2020.5重印）
　（紫禁书系）
　ISBN 978-7-5134-0633-8

　Ⅰ．①清… Ⅱ．①万… Ⅲ．①茶叶－文化研究－中国
－清代 Ⅳ．①TS971

中国版本图书馆CIP数据核字(2014)第163546号

清代贡茶研究

著　者：万秀锋　刘宝建　王　慧　付　超
责任编辑：朱　蓝
装帧设计：李　猛
出版发行：故宫出版社
　　　　地址：北京东城区景山前街4号　邮编：100009
　　　　电话：010-85007808　010-85007816　传真：010-65129479
　　　　网址：www.culturefc.cn　邮箱：ggcb@culturefc.cn
印　　刷：天津图文方嘉印刷有限公司
开　　本：787×1092毫米　1/16
印　　张：14
字　　数：19.73千字
版　　次：2014年12月第1版第1次印刷
　　　　　2020年5月第2次印刷
印　　数：3,001~5,500册
书　　号：ISBN 978-7-5134-0633-8
定　　价：86.00元

明清室内陈设

明清室内陈设·朱家溍 定价：七〇元

全书七万字，一九一幅图。

作者在从数十年故宫博物院工作经历中，为使宫廷原状陈设的恢复合于情理，合于历史，查阅并摘录了大量官私档案，笔记小说，从中寻找可信可行的依据。选辑了与明清两朝室内陈设有关的内容。既有陈设品的名目，也有陈设的具体方位，还有关于审美意趣的品评。

古诗文名物新证·扬之水

定价：一九八元（全二册）

收入书中的二二六题，均由名物研究入手，试图在文献、实物、图像三者的碰合处复原起历史场景中的若干细节。用来表现「物」的数百幅图，是贴近历史而与书中文字默契的另一种形式的叙述，旨在使复原的古典以可靠的历史遗存为依据，文字与图像的契合处或许可以使人捕捉到一点细节的真实和清晰。

古诗文名物新证

古诗文名物新证

火坛与祭司鸟神

火坛与祭司鸟神·施安昌 定价：七五元

本书集结了作者十年来探索古代祆教遗迹和祆教美术的成果。内容涵盖地下墓葬和近期发掘的虞弘、安伽、史君三个萨宝墓的出土文物，对一千四百多年前的中国祆教遗存及其宗教图像系统作了别开生面的揭示与论证。

同时，也对人们所陌生的琐罗亚斯德教的教义、礼仪及其在中亚、中国的传播历史作了介绍。

清代宫廷服饰

清代宫廷服饰·宗凤英 定价：七五元

全书十万字，一百幅图。

介绍清代宫廷服饰制度的起源、形成和演变。详细描述了清代皇帝、皇后以及皇室成员和文武大臣在各种场合穿着的服饰，主要有礼服、吉服、常服、行服、雨服、便服等等。内容翔实可靠，图片精美。读者面广，适合服装服饰研究设计、宫廷史研究及爱好服饰的广大一般读者阅读欣赏。

中国古代官窑制度

中国古代官窑制度·王光尧 定价：七五元

在从事故宫博物院文物保管陈列工作的同时，密切关注考古发掘中的最新信息，对于中国古代官窑制度的看法。本书以史料实物相互印证的方法，立足官窑瓷器实物，追溯唐至清数百年间官窑制度的变化和由此而来不同时代的官窑瓷器特点。

紫禁書系 第二輯

中国宫廷御览图书·向斯 定价：八八元

故宫博物院所藏的善本书籍，是历代宫廷流传下来的皇帝和皇室成员所撰写、阅读的藏书精品，从未昭示于海内外，许多宫廷秘藏孤本。这些善本图书，版本精良，装帧考究，具有鲜明的皇宫特色。在中国文化史、书史、版本史上占有重要的地位。本书权威、系统、准确地展示了故宫善本图书的全貌和精华，历史与现状及其重要学术文化价值，是一部关于中国宫廷古书鉴定、鉴赏方面的重要著作。

欧斋石墨题跋·朱翼盦 定价：一五〇元（上、下）

翼盦先生曾以重金购获《九成宫醴泉铭》北宋初拓未剜本，遂自号「欧斋」。

翼盦先生鉴别精审，取舍谨严。以三十年之精力，搜集汉唐碑版七百余种，多罕见之品，每得铭心之品，于研索考订之余，辄作跋尾，以志心得。历考传世善本，详征前人著述，参订比较。《欧斋石墨题跋》即为翼盦先生鉴定石墨文字所撰跋语题识，并附所藏碑帖目录，以见收藏全貌。其有前人题跋者，亦并缀于每目之后，用供征考。

曲阳白石造像研究·冯贺军 定价：九〇元

本书从绪论、发愿文内容、信仰与造像、思惟菩萨、基座的类型与题材等方面，论述了河北曲阳白石造像寺院归属、造像者身份、造像渊源与演变、题材与信仰等。书后所附《从七帝寺看定州佛教》，借助七帝寺相关史实，在大的历史背景下探究曲阳乃至定州佛教造像的整体风貌。发愿文总录则为研究者提供了翔实的资料。

龙袍与袈裟·罗文华 定价：一九八元（上、下）

本书从清宫藏传佛教神系发展的基本脉络、皇家佛堂内部神秘的众神世界及其象征主义结构，以乾隆时期为代表的藏传佛教绘画和造像的真实状况、艺术风格及其重要作品等方面，全面揭示了清宫藏传佛教的基本面貌和主要特点，是近年来清代宫廷史研究的一部力作。

明代玉器

明代玉器·张广文　定价∷六八元

在现存古代玉器中，明代玉器占有重要地位，但其作品多为传世品，与唐至元代作品混于一世，不易区别。本文据明代玉器的考古发掘，传世玉器的排比及明代工艺品的相互影响进行分析。对明代玉器的分期、用材及制造工艺、品种、类别、纹、仿古玉情况及特点得出明确认识，总结出规律，对了解明代玉器的源起、制造和使用、识别传世作品是非常有益的。

中华梳篦六千年

中华梳篦六千年·杨晶　定价∷六八元

这是一本关于梳篦文化史的专著。书中运用考古学的层位学与类型学的研究方法，从不易被人们关注的小小梳篦入手，由梳篦的种类、造型、装饰、风格的演变及其与人、时、空的关系，爬梳出长达六千年中国文化的谱系与社会结构的变迁，见微思著，从而成为一部以梳篦论史、透梳篦见人、代梳篦说活的专著。

中国古代雕塑述要

中国古代雕塑述要·冯贺军　定价∷六八元

本书分石窟寺与佛教造像、历代陶俑、陵墓雕刻三大部分十四章，基本涵盖了中国古代雕塑的主要门类。既有本民族传统神祇，也有受外来文化影响创造出的佛教造像，其题材庞杂，风格多样。作者用简洁的语言，勾勒出它的发展历程，希冀对热爱中国古代艺术的读者有所裨益。

王石谷绘画风格与真伪鉴定

王石谷绘画风格与真伪鉴定·谭述乐　定价∷六八元

作者选择了中国绘画史与书画鉴定学上争议较大、最有代表性的摹古画家王石谷进行个案研究。立足于风格把握与真伪辨析相结合的原则，将王石谷绘画按早、中、晚不同年代分期，根据丘壑笔墨特点分类，对王石谷作品进行了系统的清理鉴定，其新的观察视角与研究方法对中国美术史与古代书画鉴定研究不无启示。

紫禁城原状与原创

紫禁城原状与原创·王子林　定价∷一三六元(上、下)

本书以明清紫禁城最具有代表性的原状宫殿为研究对象，不仅阐释了原状宫殿的建筑形式、历史沿革、室内外陈设等方方面面，而且还紧扣历史脉搏，站在大历史的角度对紫禁城原状宫殿进行审视，并从帝王的个人喜好等方面加以深度的考察，使原状宫殿所反映出的信息更加广泛而具有深度。透过本书，可以窥见最真实状态下的明清时代帝王在紫禁城宫殿内外的生活场景及其所反映的传统文化思想。

清宫绘画与「西画东渐」

清宫绘画与「西画东渐」·聂崇正　定价：六八元

本书为作者关于清代宫廷绘画的论文集，分为上下两编，上编为「清宫绘画述论」，下编为「清宫绘画中的『欧风』」。文章长短不一，角度各异，但都围绕清代宫廷绘画和宫廷中欧洲画风影响的诸多问题而写。长短文章，点面组合，图文并茂，有清一代宫廷绘画的状貌跃然纸上。

明清闺阁绘画研究

明清闺阁绘画研究·李湜　定价：六八元

明清闺阁画家在中国古代女性绘画史上书写着最为重要的一页，但他们的历史却始终未被系统梳理。本书作为全国艺术科学「十五」规划课题研究成果，以地方志、文人笔记、官方史书、画史、画论等为基本文献资料，以国内外各大博物馆、美术馆现存明清女性绘画作品为基本图像资料，借助文献来解读图像意义，借助图像来丰富文献记载，通过文献与图像的相互参照，尽可能清晰地勾画出明清女画家的艺术风貌。

乾隆「四美」与「三友」

乾隆「四美」与「三友」·段勇　定价：六八元

乾隆皇帝收藏的「四美」与「三友」七幅画作，涵盖了人物画、山水画、花鸟画三科，时代跨度从晋代直至明代，可以说反映了中国传统绘画的基本特征，同时，其传承、流失和收藏现状也堪称清宫散佚文物的缩影。本书对此七幅画作的创作过程、历代题跋、流传经过以及当年乾隆皇帝用来收藏画作的「四美具」和「三友轩」进行研究，在文物、历史和宫廷文化领域都有重要的意义。

清代宫廷医学与医学文物

清代宫廷医学与医学文物·关雪玲　定价：六八元

清代宫廷医学中国医学史的重要组成部分，在一定程度上代表着中国医学发展的最高水平。本书在全面占有第一手材料的基础上，利用清宫档案、各种官书、方志、私人笔记等文献资料，同时结合清代医学文物，系统地论述清代宫廷医学诸问题，弥补当前研究的缺陷和不足，同时使清代宫廷医学的表征得以淋漓尽致地体现。

紫禁書系　第五輯

元代晋南寺观壁画群研究

明清文人园林艺术

本书是对二十世纪初流出海外的一批元明两代晋南寺观壁画，和现存于晋南寺观中的壁画遗存所作的综合研究。通过对前辈学者的考察笔记和研究成果进行综合梳理和分析，结合相关的文献典籍，考释出兴化寺寺院的身份、壁画家和成画年代。重构了兴化寺寺院的结构、壁画的配置和礼佛的图像程序，揭示出广胜寺壁画与元代平阳大地震后国家祭祀活动有关的史实。此外，通过对壁画中现存画工题记的分析，将晋南有关寺观壁画与永乐宫三清殿壁画进行比对，认为它们参照使用了同一套粉本，推断壁画作者应为元代晋南著名画师朱好古的画工班子，为中国美术史提供了修正的依据。

元代晋南寺观壁画群研究·孟嗣徽　定价：六八元

明清文人园林秉承「天人合一」的理念，遵循「宛自天开」的艺术宗旨，以活泼而巧妙的布局，精湛而高超的技艺，呈现山明水秀的风景，诗情画意的境界。文人于此间寄托其理想，表现其智慧，体现了文人阶层的文化、艺术特质。

通过中国传统文化的渗透与时代精神的影响，分析明清文人园林的哲学根源、文化内涵和艺术特征。本书以明清文人园林理论和相关文献为主要研究对象，考察现存的园林实物，借鉴学术界现有成果，采用动态的研究方法，从明清文人的视角诠释文人园林的美学构成。

明清文人园林艺术·张淑娴　定价：六八元

中国古代治玉工艺

中国古代琥珀艺术

本书是目前国内所知唯一一本关于中国古代琥珀的专著，作者通过对文献的梳理，利用近一个世纪的考古材料，在前人研究的基础上，对中国古代琥珀艺术，特别是契丹琥珀艺术作全面而系统地回顾和探讨，以揭示中西琥珀艺术的特征和异同，契丹琥珀艺术的成就及其内涵，以及中国古代琥珀原料来源本身所包含的古代中西文化交流。

中国古代琥珀艺术·许晓东　定价：六八元

中国古代治玉工艺一直因文献记载极少，玉器制作工艺技术保守而令人感到神秘，少有人真正进行通盘研究。本书从古代治玉工具入手，将八千年的中国玉器制作分为五大阶段，系统的总结了古代玉器不同时期的工艺特点。本书以考古出土品及博物馆藏器为标准器，结合作者几年来从事古代治玉工艺研究课题的心得加以归纳总结。相信在赝品泛滥的当今社会，该书对古代玉器的鉴定亦起到一定的参考作用。

中国古代治玉工艺·徐琳　定价：六八元

紫禁書系　第六辑

明清画谭

明清画谭·聂崇正　定价：六八元

这册《明清画谭》是作者若干年中撰写的有关明、清两朝绘画史文章的结集。涉及明朝绘画史的文章，偏重于介绍明朝的宫廷绘画及明朝的人物肖像画，涉及清朝绘画史的文章，偏重于摸索清初的主流绘画"清初六家"和晚清的"海上画派"。所收入文章写作的时间跨度颇长，文章的长短也不一，但均言之有物，可供有兴趣者翻阅。

《大梅山馆诗意图》研究

《大梅山馆诗意图》研究·林姝　定价：六八元

故宫收藏的《大梅山馆诗意图》是任熊的重要代表作，本书旨在以画为引子，以诗为线索，考据诗文的出处，采用绘画、诗歌与文献三者综合研究的方法，探讨诗句与绘画的关系，力求透过《大梅山馆诗意图》的画面揭示其背后所蕴藏的诸多历史信息。

北朝装饰纹样

北朝装饰纹样——五、六世纪石窟装饰纹样的考古学研究·李娅恩　定价：八六元

本书主要论述了对北魏鲜卑皇室贵族开凿的石窟寺装饰纹样的考古学研究，系统论述了北朝石窟造像装饰纹样的发展演变，从汉代以来的传统装饰纹样，到吸纳佛教外来因素而一改面貌，形成以植物纹样为主的装饰面貌。同时，北魏拓跋鲜卑皇室贵族开凿的大石窟，反映出当时石刻艺术的最高技术水平，从石窟的分期和石窟装饰花纹的演变中，可以看出宗教文化艺术上的变化。由此，本书确立了一种纹样断代的方法，颇具参考价值。

时间的历史映像

时间的历史映像·郭福祥　定价：八六元

故宫博物院的钟表收藏是世界钟表收藏中极为特殊和重要的一部分，越来越受到世界学术界和钟表收藏界的关注。十几年来，对中国钟表史和中国宫廷钟表收藏史的研习成为作者研究工作的主要兴趣点之一，其间在各种刊物上发表了十数篇相关论文和文章，本书就是在这些论文的基础上汇编而成。力图通过实物、档案、文献的整理、考证、辨析，以实实在在的历史事实勾勒出中国钟表历史和中国宫廷钟表收藏的真实图景，囊括了中国钟表史和钟表收藏史基本的和主要的方面。